Wasserstoff auf dem Weg zur Elektromobilität

Werner Tillmetz · André Martin

Wasserstoff auf dem Weg zur Elektromobilität

Hautnah erlebt: Die Basisinnovation Brennstoffzelle

 Springer

Werner Tillmetz
Lindau, Deutschland

André Martin
Idstein, Deutschland

ISBN 978-3-658-34747-5   ISBN 978-3-658-34748-2   (eBook)
https://doi.org/10.1007/978-3-658-34748-2

Die Deutsche Nationalbibliothek verzeichnet diese Publikation in der Deutschen Nationalbibliografie; detaillierte bibliografische Daten sind im Internet über http://dnb.d-nb.de abrufbar.

Einbandabbildung: © sp4764/stock.adobe.com

Planung: Dr. Daniel Fröhlich
Springer ist ein Imprint der eingetragenen Gesellschaft Springer Fachmedien Wiesbaden GmbH und ist ein Teil von Springer Nature.
Die Anschrift der Gesellschaft ist: Abraham-Lincoln-Str. 46, 65189 Wiesbaden, Germany

Vorwort der Autoren

Dem vorliegenden Buch liegen unsere Erfahrungen mit der Innovation von Wasserstoff und Brennstoffzellen für die Elektromobilität in den letzten 30 Jahren zugrunde. Es beschreibt visionäre Anfänge, euphorische Hochphasen und frustrierende Durststrecken der Entwicklung aus unserer persönlichen Erfahrung, die wir mit vielen anderen geteilt haben.

Wir wollten es jedoch nicht bei der Schilderung episodischer Vorgänge belassen, sondern den Versuch unternehmen, aus unseren Erfahrungen und Erkenntnissen gedanklichen Nutzen zu ziehen, weil wir glauben, dass vieles, was wir erlebt haben, viele Widerstände, die wir überwinden mussten und die, an denen wir gescheitert sind, typischen Mustern folgten, die durchaus exemplarisch für ähnliche Vorgänge in der Industrie stehen und die es deshalb wert sind, genauer betrachtet zu werden. Dabei haben wir versucht, einen Bogen zu spannen von der Technologie, über wirtschaftliche Rahmenbedingungen und Organisationsstrukturen bis hin zum politischen Umfeld, die alle in ihrer jeweils sehr speziellen Wirkung Einfluss auf Erfolg oder Scheitern von Innovationen nehmen.

Wir betrachten trotz langer gemeinsamer Tätigkeit und intensivem gedanklichen Austausch die gleichen Entwicklungen aus zwei sehr persönlichen Perspektiven und in zwei parallelen und sich überschneidenden Handlungssträngen. Sie sind durch unseren unterschiedlichen Ausbildungshintergrund als Elektrochemiker und Volkswirt wie auch von unseren persönlichen Prägungen und Erlebnissen bestimmt. Wir hoffen, dass sich die daraus entstehende unterschiedliche Sicht auf die Dinge idealerweise ergänzt und zu einem stimmigeren Gesamtbild fügt. Es handelt sich dabei um eine Arbeitsweise, die wir auch in unserer beruflichen Tätigkeit geschätzt haben, weil Perspektivwechsel häufig Erkenntniszuwachs bedeuten.

Die Sichtung und Aufarbeitung des Materials über einen so langen Zeitraum ist schwierig und die Auswahl und Bewertung des Geschilderten naturgemäß subjektiv. Das Buch ist aus der Perspektive persönlicher Betroffenheit geschrieben. Wir zeigen Emotionen, haben aber versucht, mit ihnen so produktiv wie möglich umzugehen und polemische Einlassungen zu vermeiden, obwohl uns mitunter danach gewesen wäre.

Auch können wir trotz großer Sorgfalt nicht ausschließen, dass sich da und dort aus der Erinnerung heraus Ungenauigkeiten in der Abfolge des Geschehens oder der Darstellung eingeschlichen haben, für die wir bereits jetzt um Verständnis und Nachsicht bitten und bei denen es sich keinesfalls um Absicht handelt. Uns ist bewusst, dass aus einer persönlichen Sicht heraus rückblickend manches auch anders betrachtet werden kann.

Bei unserem Buch handelt es sich nicht um ein streng akademisches Sachbuch. Wir berichten von unseren Erfahrungen, beziehen Stellung und lassen Wegbegleiter zu Wort kommen. Alles wovon wir berichten, ist durch Menschen und mit Menschen passiert. Zu guter Letzt bedanken wir uns bei den vielen Wegbegleitern und Freunden, die zum Gelingen des Buches beigetragen haben, und wünschen allen Lesern eine hoffentlich erhellende und interessante Lektüre.

Werner Tillmetz
André Martin

Prolog

Über die Hintergründe zur Entstehung des Buches und die wichtigsten Inhalte
Petra Boeger spricht mit den Autoren über ihr Buch

Wie kam es zu Eurem Buch und warum gerade jetzt?

Im Jahr 2019 wurde immer deutlicher, dass sich Wasserstoff und Brennstoffzellen zu globalen Megatrends entwickeln werden. Namhafte Weltkonzerne, aber auch viele Start-Up-Unternehmen stiegen in die Entwicklung für Busse, LKW und PKW ein oder begannen sie zu forcieren. Einige Technologievorreiter gaben Pläne für den Einstieg in die Serienproduktion von Brennstoffzellen-Antrieben und -Fahrzeugen bekannt. Dem Hydrogen Council, einem global agierenden Verband für Wasserstoff, schlossen sich viele neue Akteure aus der ganzen Welt an. Auch die Politik begann, sich intensiver mit dem Thema Wasserstoff auseinanderzusetzen. Umwelt- und Klimabewegungen wie „Fridays for Future" erregten Aufmerksamkeit, das Thema kam auf die Agenda des G20-Treffens in Tokyo und es wurde schließlich zu einem entscheidenden Bestandteil der Marke „European Green Deal" der neuen Europäischen Kommission.

Da war es naheliegend, dass wir, die die Entwicklungen zu Brennstoffzelle und Wasserstoff seit den 1990er Jahren intensiv mitgestaltet hatten, uns mit der Frage auseinandersetzten: „Warum erst jetzt?", oder noch provozierender: „Hat Deutschland seine Chance verpasst?". Denn bereits Anfang der 2000er Jahre waren PKW- und Stadtbus-Flotten erfolgreich im Alltag unterwegs, deren Technologie in Deutschland und Kanada entwickelt worden war. Bereits damals besaßen sie die wesentlichen Voraussetzungen, um den Beginn einer neuen emissionsfreien und klimafreundlichen Mobilität einzuläuten. Es dauerte jedoch fast 20 Jahre, bis aus diesem gelungenen Anfang eine dynamische Entwicklung wurde, wie sie jetzt zu beobachten ist. Daraus entstand die Idee, unsere umfangreichen Erfahrungen aus Forschung, Wirtschaft und Politik zu schildern und zu analysieren. Vor allem aber wollten wir der Frage nachgehen, warum die Entwicklung so und nicht anders verlief und welche Faktoren für den Erfolg oder Misserfolg einer Basisinnovation verantwortlich sind, die eine radikale Verdrängung etablierter Produkte im Markt bewirkt. Die Recherchen und die Analyse unserer

Erlebnisse führten zu vielen aufschlussreichen Erkenntnissen zu den Wirkmechanismen von Veränderungsprozessen in Wirtschaft, Politik und Gesellschaft.

Für wen ist dieses Buch gedacht?

Das Buch ist allgemeinverständlich geschrieben und soll Menschen ansprechen, die sich mit den Themen Innovation, Energie und Elektromobilität, Nachhaltigkeit, Brennstoffzelle und Wasserstoff auseinandersetzen. Das können interessierte Laien sein, aber auch Fachleute, die tiefer in die Hintergründe der letzten 30 Jahre eintauchen wollen. Es richtet sich auch und vor allem an die gesellschaftlichen Akteure, die gerne pauschal über die angeblichen Ziele und Vorgehensweisen der Industrie urteilen, ohne Einblick in die tatsächlichen Triebkräfte und Zwänge zu besitzen, durch die Entwicklungen angestoßen oder verhindert werden. Für Politiker und Manager, die sich in ihrer Tätigkeit mit dem Thema Innovation befassen, sollte das Buch ein Muss sein.

Wie ist das Buch aufgebaut?

Die Erlebnisse dieser 30 Jahre schildern wir in den ersten drei Kapiteln – vom Beginn der Forschungsaktivitäten Anfang der 1990er Jahre bis zum Start der Serienproduktion 2020. In jedem dieser vier Kapitel berichten wir und einige unserer Wegbegleiter zunächst über die spannendsten Ereignisse aus unserer persönlichen Sicht. Die gewonnenen Einblicke und Erkenntnisse des jeweiligen Abschnitts haben wir dann im Sinne des Innovationsgeschehens analysiert und am Ende der Kapitel kurz zusammengefasst. In einem abschließenden Kapitel werden die Erkenntnisse zu den Erfolgsfaktoren einer Basisinnovation am Fallbeispiel der Brennstoffzelle für die E-Mobilität strukturiert zusammengefasst. Der Epilog versetzt uns zu guter Letzt ein Stück weit in die Zukunft der emissionsfreien Mobilität.

Was sind die wichtigsten Erkenntnisse aus Euren Erlebnissen?

Ein hochmotiviertes Team, das eine starke Unterstützung durch das Management hat, kann in kurzer Zeit technologisch sehr viel erreichen und eine Vision zum Leben erwecken. Das haben Flottendemonstrationen alltagstauglicher Brennstoffzellenfahrzeuge in den 2000er Jahren eindrucksvoll bewiesen. Um jedoch eine bestehende Technologie zu verdrängen, die 100 Jahre Erfolgsgeschichte schrieb und mit der globale Konzerne enorme wirtschaftliche Erfolge erzielen, sind mehr als Visionen und talentierte Teams erforderlich. Eine Schlüsselrolle spielt dabei die Politik oder anders ausgedrückt: ein klarer und schlüssiger Regulierungsrahmen durch den Gesetzgeber. Eine solche Regulierung, leider nur lokal begrenzt, war 1990 die kalifornische „Zero-Emission"-Gesetzgebung zur Luftreinhaltung. Trotz vieler Aktivitäten und globaler Anstrengungen in der Klima- und Umwelt-Gesetzgebung, sind wir in Deutschland und der EU jedoch 30 Jahre später von einer schlüssigen Gesamtstrategie und entsprechend effektiven Maßnahmen immer noch weit entfernt.

Viele unserer Erkenntnisse zu Basisinnovationen sind Fachleuten schon lange bekannt. Einschlägige Publikationen gibt es in Mengen. Sie sind jedoch häufig aus akademischer Sicht verfasst. Wir haben unsere Schlussfolgerungen direkt aus dem hautnah Erlebten geschöpft. Zum besseren Verständnis haben wir sie in die Bereiche Forschung und Entwicklung, Organisation und Strategie gegliedert. Sie reflektieren das Dilemma der unmittelbar Beteiligten, die sich an Zielkonflikten und strukturellen Hindernissen abarbeiten, obwohl es anders ginge.

Die etablierten, vor allem westlichen Konzerne, kennen natürlich die Schicksale von Firmen wie Kodak, deren 100-jährige Erfolgsgeschichte durch die Digitalfotografie jäh beendet wurde. Trotzdem glauben sie, dass sie selbst von einem ähnlichen Schicksal nie betroffen würden. Sie orientieren sich an kurzfristigen Erfolgskriterien und verlassen sich darauf, dass ihre Marktmacht ausreicht, um die Dinge unter Kontrolle zu behalten. Das ist eine riskante Sichtweise, wie etwa das Beispiel Tesla zeigt. Natürlich weiß man nicht, wie das Experiment ausgeht, aber allein die Tatsache, dass ein Startup innerhalb weniger Jahre zu einem ernsthaften Konkurrenten für die globale Autoindustrie werden kann, sagt alles.

Für innovative Forschung werden visionäre Leitfiguren gebraucht, die strategisch denken und handeln. Man braucht ein motiviertes Team und starke Partner, um eine Technologie schnell genug voranzutreiben. Ein organisatorisches Umfeld, das dies zulässt, ist eine weitere Voraussetzung. Die möglichst frühe Demonstration der Technologie ist entscheidend für ihre Akzeptanz und die erforderliche politische Unterstützung. In unserem Fall war die Vorgabe „macht Räder unter die Brennstoffzelle" ganz entscheidend für den Anfangserfolg.

Aber kann eine „disruptive Innovation innerhalb einer etablierten Organisation stattfinden? Wird sie die Kannibalisierung des eigenen Geschäftes erlauben?

Zu guter Letzt spielt die Gesetzgebung im stark regulierten Mobilitätsmarkt die alles entscheidende Rolle. Nur durch eindeutige und anhaltend stabile „Spielregeln" sind Änderungen in einer global agierenden, sehr mächtigen Fahrzeug- und Mineralöl-Wirtschaft überhaupt möglich. Dabei ist die Anerkenntnis zwingend, dass Wirtschaftsunternehmen den Marktgesetzen unterliegen. Nur unter Berücksichtigung dieser Binsenwahrheit ist es jedoch möglich, Regulierungen schlüssig und nachhaltig zu entwickeln und nicht in Fragmenten stecken zu bleiben, die dem politischen Anspruch nicht gerecht werden können.

Gab es solche Basisinnovationen in der Mobilität schon einmal?

Basisinnovationen in der Mobilität hat es schon mehrfach gegeben. Vor 250 Jahren war es die Dampfmaschine, die in Verbindung mit dem Energieträger Kohle erstmals Mobilität mit Eisenbahn und Schiff über weite Strecken ermöglichte. Vor etwa 100 Jahren war es der Verbrennungsmotor in Verbindung mit Benzin und Diesel aus Erdöl, der die Welt revolutionierte. Im Jahr 1888 fuhr Berta Benz mit der Benzin-Kutsche ihres Mannes zum ersten Mal eine größere Strecke und kaufte den dafür benötigten Kraftstoff in der Apotheke. Nur 20 Jahre später machte Henry Ford mit der Massenfertigung das Automobil für jedermann erschwinglich und schickte damit die Pferdekutscher in die Arbeitslosigkeit. Zwei Jahrzehnte später verbannte der Dieselmotor die Dampfmaschinen als universelles „Arbeitspferd" ins Museum. Innerhalb von wenigen Jahren hatte sich die Welt radikal verändert. Möglicherweise werden die Benzinkutschen von Batterie-Mobilen verdrängt und die Dieselmotoren von der Brennstoffzelle.

Was sollte Deutschland anders machen, um bei Basisinnovationen wieder vorne mit dabei zu sein?

Die deutsche Industrie ist geprägt von einer Innovationskultur, die auf kontinuierliche Verbesserung abzielt. Man bezeichnet sie als inkrementelle Innovationskultur. Die kontinuierliche Optimierung bestehender Produkte war bisher eine Erfolgsgeschichte und hat Deutschland große wirtschaftliche Erfolge und Wohlstand beschert. „Made in Germany" wurde zu einer starken Marke, verbunden mit einem sehr ausgeprägten Selbstbewusstsein.

Diese Kultur hat aber gleichzeitig die Wahrnehmung für radikale Veränderungen in der Welt geschwächt. Mit den Mitteln inkrementeller Innovation ist es unmöglich, fundamental neue technologische Ansätze erfolgreich zu entwickeln und in den Markt zu bringen. Kaum eine der radikalen Innovationen der letzten Jahrzehnte kam mehr aus der deutschen Industrie, obwohl zahlreiche Ideen ihren Ursprung in Deutschland hatten. High-Tech Unternehmen aus Kalifornien und asiatische Konzerne beherrschen inzwischen die Technologien der Zukunft und setzen die Standards. Deutschland ist von einer Produktionskultur beherrscht, die wir perfekt leben und dafür bewundert werden. Aber grundsätzlich Neues entsteht daraus nicht, trotz exzellenter Ausbildung und Forschung.

Um bei technologischen Innovationen wieder an die Spitze zu kommen, Themen zu setzen und ihnen nicht hinterherzulaufen, sind langfristige, faktenbasierte und mutige Strategien in Politik und Industrie notwendig. Wir müssen wieder mehr experimentieren, denn nur daraus erwächst die nächste, bessere Idee. Die Orientierung an kurzfristigen Finanz- und Wahlergebnissen führt zwangsweise zu Misserfolg. Sie bedeutet Lähmung und längerfristig Abstieg. Gesellschaftlich müssen wir deshalb dazulernen: Scheitern ist Teil der Erkenntnis und oft Voraussetzung eines Erfolges, wenn man die Lehren daraus zieht. Wohlstand muss auch künftig verdient werden. Erst dann gibt es etwas zu verteilen.

Inhaltsverzeichnis

Vom Weltall auf die Straße

1

1.1 Von der Technologieentwicklung bei Dornier, Daimler und Ballard zu den ersten Fahrzeugen 1996

Die Geschichte erzählt von Werner Tillmetz

Wie alles begann

„Schau mal, die suchen einen Elektrochemiker". Im Sommer 1986 blätterte ich durch die Stellenanzeigen der Süddeutschen und zeigte meiner Frau die Anzeige. Dornier in Immenstaad am Bodensee suchte einen Wissenschaftler zur Entwicklung von Brennstoffzellen für Raumfahrtprojekte. Zu dieser Zeit hatte ich keine Ahnung von Brennstoffzellen. Auch mit der Raumfahrt hatte ich noch nie etwas zu tun. Mein bisheriger Fokus lag auf Elektrolysetechnologie zur Erzeugung von Produkten wie Wasserstoff, Chlor oder Ozon mit Hilfe von Strom und Elektrochemie. Bei der Brennstoffzelle geht es um den umgekehrten Prozess, der elektrochemischen Erzeugung von Strom aus Brennstoffen wie Wasserstoff und Sauerstoff.

© Der/die Autor(en), exklusiv lizenziert durch Springer Fachmedien Wiesbaden GmbH, ein Teil von Springer Nature 2021
W. Tillmetz und A. Martin, *Wasserstoff auf dem Weg zur Elektromobilität*,
https://doi.org/10.1007/978-3-658-34748-2_1

Wir waren beide in Lindau am Bodensee aufgewachsen, und nach vielen Jahren in der Großstadt München war das Heimweh groß. Zurück in die Heimat an den Bodensee, das war unser sehnlichster Wunsch! Also nichts wie raus mit der Bewerbung und der Dinge harren, die da kommen. Im Frühjahr 1987 war es dann so weit: wir waren zurück am See und ich durfte „dort arbeiten, wo andere Urlaub machen". Mit diesen Worten hat die Dornier-Personalabteilung früher Werbung für neue Mitarbeiter gemacht.

Die Europäische Raumfahrtagentur ESA (European Space Agency) hatte 1987 die Entwicklung des Raumgleiters „Hermes" gestartet. Hermes sollte das Pendant zum Space-Shuttle der NASA werden. Dornier war Hauptauftragnehmer der ESA für die Brennstoffzelle, die für die Stromversorgung des Raumgleiters sorgen sollte. Für bemannte, mehrtägige Missionen in den Weltraum ist die Stromversorgung mit Brennstoffzellen die Lösung. Die Brennstoffe (Energieträger) Wasserstoff und Sauerstoff werden in flüssiger Form mitgenommen. Die sehr hohe Energiedichte von Wasserstoff in Verbindung mit dem hohen Wirkungsgrad bei dessen Umwandlung in Strom durch eine Brennstoffzelle macht diese Technologie zur einzig gangbaren Lösung für diese Art von Raumfahrtmissionen. Batterien wären für die zu speichernden Energiemengen viel zu schwer. Auch Photovoltaik-Module in Kombination mit Speicherbatterien, wie sie typischerweise für Satelliten eingesetzt werden, können für solche Missionen wie Space-Shuttle oder Hermes nicht ausreichend Strom liefern, da die Photovoltaik-Module nur partiell zur Sonne ausgerichtet werden können.

Die Firma United Technologies Corporation (UTC) hatte die Brennstoffzelle für den Space-Shuttle, der von 1981 bis 2011 im Einsatz war, entwickelt. Dabei handelte es sich um eine Technologie, wie sie zuvor schon im Apollo-Programm eingesetzt worden war. Im Kinofilm Apollo 13, der von der abgebrochenen und sehr dramatischen Mond-Mission von 1970 handelt, spielt die Brennstoffzelle eine entscheidende Rolle: durch einen Meteoriteneinschlag wurde der Tank, der den Sauerstoff für die Brennstoffzelle speichert, zerstört. Infolgedessen waren Bordstromversorgung und damit auch die Lebenserhaltungssysteme ausgefallen. Gerade noch rechtzeitig gelang es den drei Astronauten damals durch eine technische Notlösung, den Weg zurück zur rettenden Erde zu finden.

Die damals eingesetzte, alkalische Brennstoffzelle hat einen besonders hohen Wirkungsgrad bei der Erzeugung von Strom aus Wasserstoff und Sauerstoff. Das bedeutet, der Bedarf an Kraftstoffen für die mehrtägige Mission ist niedrig und damit wird Gewicht eingespart. Das ist deshalb wichtig, weil das Startgewicht – neben der Zuverlässigkeit – das alles entscheidende Kriterium für Raumfahrtmissionen ist. Auch für andere Anwendungen, wie Fahrzeugantriebe, ist der hohe Wirkungsgrad der Stromerzeugung über Brennstoffzellen eines der entscheidenden Kriterien.

Neben den Raumfahrtprogrammen des letzten Jahrhunderts in den USA gab es noch eine weitere Spezialanwendung für die Brennstoffzelle: die Stromversorgung für U-Boote. Damit war es auch den Ländern, die keine mit Atomkraft betriebenen U-Boote haben durften, möglich, ihre U-Boote frei von messbaren Geräuschen und CO_2-Emissionen (wie es beim Einsatz von Dieselmotoren der Fall wäre), außenluftunabhängig über lange Strecken im Tauchgang zu fahren. Zu dieser Zeit entwickelte Siemens im Auftrag der deutschen Marine Brennstoffzellen für diese Art der Anwendung. Die Entwicklungsaktivitäten der alkalischen Brennstoffzelle bei Siemens beruhten auf den Arbeiten von Prof. Justi und dessen Schüler, Prof. Winsel, an der TU Braunschweig in den 1950er Jahren.

Das Prinzip der Brennstoffzelle wurde schon 1838 entdeckt. Christian Friedrich Schönbein demonstrierte in seiner Baseler Zeit eine einfache Brennstoffzelle, indem er zwei Platindrähte in Salzsäure mit Wasserstoff und Sauerstoff umspülte und feststellte, dass zwischen den Drähten eine elektrische Spannung entstand. Ein Jahr später veröffentlichte er seine Erkenntnisse. Parallel dazu hatte auch Sir William Grove von der Royal Institution of South Wales seine ersten Experimente zur Brennstoffzelle durchgeführt.

„Das Wasser ist die Kohle der Zukunft. Die Energie von morgen ist Wasser, das durch elektrischen Strom zerlegt worden ist. Die so zerlegten Elemente des Wassers, Wasserstoff und Sauerstoff, werden auf unabsehbare Zeit hinaus die Energieversorgung der Erde sichern". Dieser berühmte Satz von Jules Verne stammt aus dessen Roman von 1870 „Die geheimnisvolle Insel" und deutete an, was 150 Jahre später beginnt Alltag zu werden.

Der Physicochemiker und spätere Nobelpreisträger Wilhelm Ostwald berichtete 1894, dass Brennstoffzellen im Gegensatz zu Verbrennungsmotoren nicht dem „wirksamen Wirkungsgrad" von Wärmekraftmaschinen unterliegen. Die direkte, elektrochemische Erzeugung von Strom aus einem Brennstoff ist infolge grundlegender physikalischer Gesetze der sehr viel effizientere Weg der Energieumwandlung. Auch Ostwald hat also schon sehr früh auf den wesentlichen Vorteil der Brennstoffzelle aufmerksam gemacht. Für die Ablösung der zunächst im Überfluss vorhandenen, aber klimaschädlichen fossilen Kraftstoffe durch solche, die auf Erneuerbaren Energien basieren, ist auch ein effizienterer Umgang mit Energie mehr als hilfreich.

Diese kurze historische Betrachtung soll die wesentlichen Zusammenhänge für unsere Entwicklungen in der Raumfahrt und später für Fahrzeuge verständlich machen. Einige der damaligen Akteure, wie Siemens und United Technologies Corporation (UTC), sollten auch in den folgenden Jahren eine Rolle spielen.

Entwicklung der Brennstoffzelle bei Dornier

Ich, Werner Tillmetz, Mitautor dieses Buches und Verfasser dieses Kapitels – war 1987 in die neu gegründete Abteilung „Energie- und Umwelttechnologien" in der Forschung der Dornier-System GmbH eingestellt worden. Wir unterstützten in Technologiefragen die Kollegen aus dem Dornier Raumfahrtbereich, welche die Verantwortung für das Projekt Hermes-Brennstoffzelle innehatten. Eine unserer Aufgaben war es, mit kompetenten Firmen und Instituten in Europa technologisch zusammenzuarbeiten. Gleichzeitig sollten wir die Technologien der für die NASA tätigen Organisationen analysieren und bewerten. Zu den europäischen Akteuren gehörten Siemens mit ihrer Brennstoffzelle für die U-Boote, das Varta-Forschungszentrum in Kelkheim mit Prof.

Winsel und der von ihm entwickelten Eloflux-Technik, die belgische Firma Elenco, die eine Brennstoffzelle für einen Bus entwickelt hatte und Prof. Kordesch von der TU Graz, der in den 1960er Jahren in seiner USA-Zeit ein erstes Fahrzeug mit Brennstoffzelle gebaut hatte. All diese Organisationen arbeiteten mit einem flüssigen Elektrolyten (Kalilauge), der die Zelle durchströmte. Wir hatten allerdings große Schwierigkeiten uns vorzustellen, dass die Verwendung von heißer Kalilauge als Elektrolyt, der im Kreislauf gepumpt wird, in der Schwerelosigkeit problemlos funktionieren könnte, ganz zu schweigen von den Sicherheitsaspekten im Falle einer Leckage.

Eine kleine Anekdote zum Umgang mit flüssiger Kalilauge macht unsere Bedenken anschaulich: wir durften damals für unsere Forschungsarbeiten ein Testlabor im sehr edlen und auf penible Sauberkeit bedachten Dornier-Raumfahrt-Zentrum belegen. In diesem Raumfahrt-Zentrum befindet sich (auch heute noch) ein riesiger Reinraum, in dem Satelliten aufgebaut werden und alle Mitarbeiter in Reinraumanzügen arbeiten. Von einem eleganten Besprechungsraum mit Ledersesseln und tiefblauen Teppichen konnten Besucher die Montage der Satelliten beobachten. In unserem Labor führten wir Lebensdauer-Untersuchungen an einer Brennstoffzelle der belgischen Firma Elenco durch. Mitten in der Nacht trat an der Brennstoffzelle eine Leckage auf und ein feiner Strahl heißer Kalilauge ergoss sich über den Boden. Als am nächsten Morgen die Reinigungsfrau das Labor auswischen wollte, wurde sie von der ätzenden Flüssigkeit auf dem Fußboden überrascht. Die eilig herbeigerufene Feuerwehr flutete dann das Labor inklusive der darunter liegenden Räume mit Löschwasser – und wir hatten plötzlich viele grimmig dreinschauende „Freunde" im edlen Raumfahrtzentrum, das so gar nicht auf aggressive Chemikalien eingestellt war.

Die Amerikaner (UTC) hatten bei ihrer Brennstoffzelle dagegen den Elektrolyten (Kalilauge) in einem porösen Papier aus Keramikfasern aufgesaugt und dadurch fixiert. Damit war das Problem mit dem flüssigen und aggressiven Elektrolyten deutlich entschärft. Wir drängten unsere Partner, auch in diese Richtung zu denken und ihre Technologie entsprechend weiter zu entwickeln. Sie hielten aber an ihrer bestehenden Technologie fest. Als überzeugte und beharrliche Forscher begannen wir bei Dornier deshalb mit eigenen Arbeiten zu der von uns favorisierten Brennstoffzellen-Technologie auf der Basis eines in einer porösen Membran fixierten (immobilisierten) alkalischen Elektrolyten.

Damit kam ein für die weitere Geschichte ganz wesentliches Merkmal zum Tragen: die Dornier-Kultur. Sie zeichnete sich durch ein sehr offensives technologisches Vorgehen verbunden mit viel Mut zum Risiko aus. Das ging zurück auf Firmengründer Claude Dornier, der überzeugt war, dass Flugzeuge, die schwerer als Luft sind, mehr Potenzial haben als die leichten, aber sehr voluminösen Luftschiffe seines Arbeitgebers Graf Zeppelin. Die Geschichte sollte ihm Recht geben: die berühmte DoX, der erste Senkrechtstarter, Satelliten und vieles mehr zeigten die Ergebnisse dieser Dornier-Kultur, technologische Herausforderungen immer wieder aktiv und mit Mut zum Risiko anzunehmen. Andererseits tat sich Dornier immer schwer, ein Serienprodukt erfolgreich im Markt zu platzieren. Die erfolgreiche Herstellung eines Produktes in Großserie erfordert andere Qualifikationen und eine andere Unternehmenskultur.

Mit den eigenen experimentellen Arbeiten zur Brennstoffzelle gelang es unserer Abteilung zunehmend, Know-how aufzubauen. So waren wir in der Lage, den Experten der Partner-Unternehmen in Besprechungen viele, oft sehr kritische Fragen zu stellen. Besonders die Kollegen von Siemens waren nicht sehr erfreut über unsere Entwicklungen zur Brennstoffzelle und unsere zunehmende Kritik an der Siemens-Technologie. Dies führte dann auch zu einer Intervention auf Vorstandsebene. Als Hauptauftragnehmer der ESA sollte Dornier trotz seiner Kompetenz in Elektrochemie nicht in Konkurrenz zu seinen Partnerfirmen, die für die Brennstoffzellen-Technologie zuständig waren, treten. Siemens war auch damals politisch schon sehr machtvoll und hatte sich, als die Größe des Hermes-Brennstoffzellen-Projektes sichtbar wurde, als zentraler Technologielieferant im Projekt positioniert und wollte auf keinen Fall Konkurrenz um attraktive Staatsaufträge aufkeimen lassen. Die Entwicklung der Brennstoffzelle für deutsche U-Boote war bei Siemens mit einem lukrativen Auftrag aus dem Verteidigungsministerium verbunden. Etwa 10 Jahre später, als das Thema für Fahrzeuge boomte, unternahm Siemens einen weiteren Versuch bei der Brennstoffzelle einen Fuß in die Tür zu bekommen – jedoch erfolglos.

Genau zu dieser Zeit hatte mein Chef einen wissenschaftlichen Artikel zu einer sehr leistungsfähigen Brennstoffzelle auf Basis einer neuen, hochleitfähigen Membran von Dow Chemical entdeckt. Die Autoren David Watkins und seine Kollegen von Ballard Power Systems berichteten 1989 von einer enormen Leistungssteigerung durch die Verwendung der neuen DOW-Membran im Vergleich zu der bis dahin üblichen Nafion-Membran von DuPont (Watkins, Fuel Cell Systems 1993). Ballard arbeitete schon seit einiger Zeit an der Polymerelektrolyt-Brennstoffzelle (engl. Polymer Electrolyte Fuel Cell (PEFC), manchmal auch Protonenaustausch-Membran-Brennstoffzelle, englisch Proton Exchange Membrane Fuel Cell (PEM-FC) oder Feststoffpolymer-Brennstoffzelle, engl. Solid Polymer Fuel Cell (SPFC) genannt.

Dieser Typ von Brennstoffzelle wurde erstmals Anfang der 1960er Jahre im Gemini-Programm eingesetzt. Die Polymermembran ist im Vergleich zur Kalilauge völlig harmlos und relativ einfach zu handhaben. Allerdings war die Technologie in Bezug auf Wirkungsgrad und Leistungsdichte damals den alkalischen Zellen von UTC deutlich unterlegen und spielte daher für die Raumfahrt nur eine untergeordnete Rolle. Mit der neuen Membran, die von DOW Chemical eigentlich für die Chlor-Alkali-Elektrolyse entwickelt worden war, entstand die Erwartung, dass sich das ändern könnte. Ich erhielt den Auftrag, diese Membran von Dow Chemical zu besorgen und zu testen. Dafür brauchten wir ein Budget. Für eine eigene Brennstoffzellen-Etwicklung waren uns als Hauptauftragnehmer im Hermes-Programm die Hände gebunden. Es gab aber kleinere Dornier-interne Forschungsbudgets für neue Themen, jedoch war dafür das Thema Brennstoffzelle nach der Intervention von Siemens tabu. Allerdings gab es in der Raumfahrtabteilung Aktivitäten hinsichtlich eines geschlossenen Lebenserhaltungssystems. Darin spielte die Elektrolyse von Wasser zur Erzeugung von Wasserstoff und Sauerstoff eine wichtige Rolle. So überlegten wir, das Budget für die Entwicklung einer Elektrolysetechnologie, dem umgekehrten Prozess der Brennstoffzelle, zu beantragen.

Wir bekamen das Projekt bewilligt und konnten die Versuche mit der neuen Membran von DOW Chemical durchführen. Natürlich interessierte uns primär die Brennstoff-zellen-Reaktion und wir konnten die Ergebnisse von Ballard mit den unglaublich hohen Leistungsdichten verifizieren.

Aus dem Weltall auf die Straße

Zu dieser Zeit begann sich die Welt um uns herum zu ändern. Wir schrieben das Jahr 1990. Der eiserne Vorhang war gefallen und alles konzentrierte sich auf die Wieder-vereinigung Deutschlands. Als indirekte Folge davon begann auch das Interesse an der bemannten Raumfahrt nachzulassen und die Budgets dafür wurden knapper. 1992 sollte das Hermes-Programm ganz eingestellt werden. Für unsere Abteilung bei Dornier bedeutete das, dass wir uns nach neuen Themen umschauen mussten. Die Zeit der lukrativen Raumfahrtprojekte ging langsam zur Neige. Eine unserer Ideen war, die Brennstoffzelle für den Antrieb von Fahrzeugen zu nutzen. In der Vergangenheit gab es schon einzelne Fahrzeuge mit Brennstoffzelle basierend auf der von Francis Bacon entwickelten Technologie, die Pratt & Whitney, eine Tochter der United Technologies Corporation (UTC), für das Apollo Programm lizensierte. Allis Chalmer hatte 1960 einen Traktor mit Brennstoffzelle aufgebaut und General Motors 1966 den Electrovan. Die TU Dresden hatte gemeinsam mit der Berliner Akkumulatoren- und Elemente Fabrik (BAE) einen 3 kW-Brennstoffzellen-Gabelstapler entwickelt (Abb. 1.1). Einen schönen Überblick über die frühen Aktivitäten zu Wasserstoff vor 1990 gibt Rudolf Weber in seinem Buch „Der sauberste Brennstoff" (Weber, Olynthus 1988). Peter Kurzweil hat alle Themen rund um die Brennstoffzelle sehr umfassend in seinem Buch beschrieben (Kurzweil, Springer 2013).

Die ersten Fahrzeuge waren jedoch nicht besonders attraktiv. Die Brennstoffzelle war viel zu groß und schwer und die Technologie mit Kalilauge als Elektrolyt erforderte,

Abb. 1.1 Elektrogabelstapler mit 3 kW Hydrazin-Luft Brennstoffzelle (Wiesener TU Dresden 1965); Alle Rechte vorbehalten Akademieverlag Verlag Berlin (2013 übernommen vom Walter de Gruyter Verlag)

dass das CO_2 aus der Luft aufwändig entfernt werden musste, um die Brennstoffzelle nicht durch Bildung einer passivierenden Karbonat-Schicht zu schädigen.

Auf der Basis der Kenndaten der PEM-Brennstoffzelle mit der neuen DOW-Membran begannen wir, einen Brennstoffzellen-Antrieb für einen PKW zu konzipieren. Wie kompakt könnte man eine Brennstoffzelle bauen? Welcher Treibstoff ist geeignet und wie ist der Wirkungsgrad eines solchen Antriebes – nicht nur am Fahrzeug, sondern auch unter Berücksichtigung der Herstellung des Treibstoffes?

Der Antrieb sollte keine Schadstoffe wie Stickoxide oder Ruß ausstoßen und effizienter sein als ein Diesel-Motor. Das passte aus Sicht der grundlegenden, physikalischen Gesetzmäßigkeiten alles zur Brennstoffzelle. Ein flüssiger, einfach zu handhabender Kraftstoff mit akzeptablem Energieinhalt war aus unserer damaligen Sicht die beste Lösung. Sehr schnell favorisierten wir Methanol. Dieser, nur mit einem Kohlenstoffatom aufgebaute Alkohol, kann relativ einfach aus Synthesegas (eine Mischung aus CO_2, CO und Wasserstoff) über einen katalytischen Prozess hergestellt werden und genauso einfach katalytisch wieder zurück in Wasserstoff und CO_2 gespalten werden. Die simplen, konzeptionellen Überlegungen sagten uns, dass sowohl die Brennstoffzelle als auch der Reformer (so heißt das Gerät zur Wasserstofferzeugung durch katalytische Spaltung von Methanol) unter die Motorhaube passen könnten. Der klassische Benzintank würde dann das Methanol speichern. Der Elektromotor sollte in die Vorderachse integriert werden. Anders als bei Batterien (Akkumulatoren) ist die Speicherung von Energie (Methanol oder Wasserstoff) und die Wandlung von chemischer Energie in Strom (Brennstoffzelle) räumlich getrennt. Der Energieträger kann in Tanks relativ einfach und mit hoher Energiedichte gespeichert werden und die Brennstoffzelle sorgt für die benötigte Leistung. Das ist aufgrund der Reichweiten-anforderung und des Fahrzeuggewichtes für alle Fahrzeuge mit hohem Energiebedarf von fundamentaler Bedeutung.

Auch die Betrachtungen zum Wirkungsgrad von der Herstellung des Kraftstoffes bis zur Umwandlung in Bewegungsenergie am Fahrzeug fielen im Vergleich zu all den anderen Antriebsvarianten positiv für die Brennstoffzelle aus. Für unsere Kalkulationen machten wir einige einfache Annahmen zu Förderung, Transport und Raffination von Erdöl, für die Umwandlung im Verbrennungsmotor, zur Erzeugung von Strom im Kohle-kraftwerk (erneuerbare Energien spielten damals kaum eine Rolle) für die Batterie-Fahrzeuge oder zur Erzeugung von Wasserstoff oder Methanol aus Erdgas, das zu dieser Zeit an vielen Bohrlöchern einfach abgefackelt wurde. Viele Jahre später sollte es sehr detaillierte Studien zu dieser sogenannten Well-to-Wheel Betrachtung (vom Bohrloch bis ans Rad) im Rahmen europäischer Studien und unter Einbeziehung vieler Experten geben, die unsere ersten Abschätzungen bestätigen sollten (JRC, Well to Wheel). Damit war das Konzept schlüssig und unsere Vision stand. Zum Glück wussten wir zu dieser Zeit noch nicht, wie unendlich viel und harte Detailarbeit es erfordern sollte, bis die Vision zur Realität wurde und ein Fahrzeug zuverlässig funktionierte.

Mit dem Ausbau der Stromerzeugung durch erneuerbare Energien und der zunehmend aufwendigeren Förderung von Erdöl veränderten sich natürlich die Ergebnisse der Well-to-Wheel-Analysen (JRC, Well to Wheel) über die Jahre hinweg. Interessant ist, dass diese exzellenten Datenbanken die bis heute weiter aktualisiert werden, in der öffentlichen und politischen Debatte kaum eine Rolle spielen. Die vielen Analysen, die heute in den Medien verbreitet sind, nehmen interessanterweise fast nie Bezug auf die existierenden Expertendaten.

Als Nächstes bewegte uns die Frage, wie sich ein derartiges Abenteuer finanzieren ließe. Von meinem Abteilungsleiter wurden einige Anläufe in verschiedenen Ministerien unternommen, um an Forschungsmittel zu kommen. Die Antwort war immer negativ – niemand hielt das Thema in dieser Zeit für wichtig. Die Ölkrise von 1973, die viele Forschungsaktivitäten zu erneuerbaren Energien hervorgebracht hatte, war schon wieder in Vergessenheit geraten. Klimawandel war noch kein Thema und die Welt war stark vom Fall des Eisernen Vorhanges und der daraus resultierenden Aufbruchsstimmung geprägt.

Unsere Chance entstand aus einer weiteren Veränderung dieser Zeit: Die deutsche Industrielandschaft war im Umbruch. Daimler begann 1985 auf Bestreben der Bundesregierung die Firmen AEG, MBB und Dornier unter seinem Dach zusammen zu führen (Daimler, Historie). Der damalige Daimler-Vorstandschef Edzard Reuter entwickelte die Vision vom integrierten Technologiekonzern. In diesem Zusammenhang holte er 1990 Prof. Hartmut Weule als Technologievorstand zu Daimler. Professor Weule sollte die Vision umsetzen und die vielen Technologien aus Raumfahrt und Militärtechnik im Konzern zusammenführen und damit auch für Fahrzeuge verfügbar machen. Über die Jahre sollte sich alles wieder in die andere Richtung entwickeln: Die Luft-, Raumfahrt- und Verteidigungstechnologie wurde zunächst in der DASA zusammengeführt und diese dann in die Airbus Group integriert (DASA, Wikipedia). Inzwischen ist auch die Abspaltung der Nutzfahrzeug-Aktivitäten geplant und die Brennstoffzellen-Aktivitäten wurden in ein Joint Venture mit Volvo ausgegliedert (Daimler, Historie).

Im Jahr 1991 besuchte Daimler Vorstand Weule alle Forschungsstandorte, unter anderem die Dornier-Forschung in Immenstaad am Bodensee, um sich ein Bild von der im Konzern verfügbaren Technologielandschaft zu machen. Wie alle Abteilungsleiter berichtete unser Vorgesetzter über unsere Aktivitäten. Das Thema Brennstoffzellen-Antrieb sollte er auf Wunsch seiner Vorgesetzten allerdings ausklammern. Trotzdem präsentierte er unsere Vision vom schadstofffreien Brennstoffzellen-Antrieb. Das war ein Volltreffer: Prof. Weule war fasziniert von der Idee, die bedingt durch die gerade beschlossene Zero-Emission-Vehicle-Regulation (ZEV-Gesetzgebung) in Kalifornien, genau zur richtigen Zeit kam. Wir hatten nur wenige Wochen Zeit, um ein detailliertes Angebot für die Entwicklung eines Brennstoffzellen-Fahrzeuges auszuarbeiten. Unser Angebot sah einen Zeitraum von fünf Jahren für die Entwicklung des ersten Prototyps und ein Budget von 50 Mio. DM vor. Ein Projekt dieser Größenordnung hatte es in der Dornierforschung noch nie gegeben. Nur wenige Tage später bekamen wir den Auftrag, das Projekt durchzuführen!

Die Geburt des ersten Brennstoffzellen-Autos

Das Projekt Brennstoffzellen-Fahrzeug mit dem Namen Necar (für „new electric car" und in Anlehnung an den Fluss Neckar) war geboren. Bis dahin existierten jedoch nur einige konzeptionelle Ideen und Papierskizzen. Jetzt mussten wir auch liefern und dann gleich noch ein komplett funktionsfähiges Fahrzeug. Unsere Abteilung war bis dahin nicht sehr groß. Viele Kollegen im Team waren zunächst noch mit Raumfahrtprojekten ausgelastet. Um das Projekt Necar aber erfolgreich starten zu können, brauchten wir viele zusätzliche, qualifizierte Mitarbeiter und deutlich mehr Laborflächen.

Das neue Großprojekt führte zu einer Neuverteilung der Budgets innerhalb der Daimler-Forschung. Das bedeutete, dass wir jetzt auch auf Kompetenzen der Nachbar-Abteilungen zugreifen konnten. Die Abteilung für Modellierung und Theorie sollte mathematische Modelle zur Brennstoffzelle entwickeln. Die Experten aus der Katalyse und Verfahrenstechnik konnten viel zur Entwicklung der Reformertechnologie, der katalytischen Erzeugung von Wasserstoff aus dem Kraftstoff Methanol, beitragen. Der Umstand, dass zu dieser Zeit die bemannte Raumfahrt politisch spürbar an Bedeutung verlor, führte bald zu deutlichen Kürzungen in den Budgets für Raumfahrtprojekte. Ein glücklicher Umstand für unser Projekt. Wir waren nun in der Lage, nicht nur unsere eigenen Kollegen für unser Necar-Projekt einsetzen zu können, wir konnten darüber hinaus viele Brennstoffzellen-Experten aus den Abteilungen des Raumfahrtbereichs für unser Großprojekt gewinnen. Und diese Kollegen sollten, zum Teil bis heute, die Entwicklungen prägen.

Ich wurde zum Projektleiter der gesamten Daimler-Brennstoffzellen-Entwicklung ernannt. In Untertürkheim war ein Kollege als Projektleiter für das Fahrzeug und den Elektroantrieb verantwortlich. Bis dahin hatte ich noch kein auch nur annähernd so großes Projekt geleitet und durfte jeden Tag die Herausforderungen des Projektmanagements erleben, eine Aufgabe, die mir sehr viel Spaß machte. Hilfreich war dabei die sehr hohe Kompetenz für alle Facetten dieser Tätigkeit im Dornier-Umfeld. Die Methodik des Projektmanagements hat seine Wurzeln in den großen Militär- und Raumfahrtprojekten in den USA. Auch bei Dornier hatte Projektmanagement eine jahrzehntelange Tradition. Die Schulungen waren exzellent und alle internen Prozesse waren auf ein professionelles Projektmanagement ausgerichtet. Diese Qualität war für unser Projekt extrem hilfreich. Vergleichbares sollte ich in den vielen anderen Organisationen, in denen ich tätig war, nie wieder vorfinden.

Für den Aufbau der neuen Teams kam eine weitere Herausforderung hinzu. In Ulm sollte zu dieser Zeit ein Daimler-Forschungszentrum in räumlicher Nähe zur Universität Ulm entstehen. Das bedeutete, dass neue Mitarbeiter nur für den Standort Ulm eingestellt werden durften. Das vom Star-Architekten Richard Meier geplante Forschungszentrum wurde ein sehr attraktiver Standort, den wir nach unseren Wünschen gestalten konnten, solange das in die Konzeption des Architekten passte. Zudem hatten wir plötzlich zwei Standorte – Immenstaad und Ulm. Genau genommen waren es sogar drei, da die Zusammenarbeit mit den Kollegen in Untertürkheim auch eine häufige Anwesenheit vor Ort erforderte. So entstand das magische Dreieck Immenstaad–Ulm–Untertürkheim, in dem wir uns ständig hin und her bewegten. Anfang der 1990er Jahre funktionierte das alles noch ganz ohne Smartphone, heute nicht mehr vorstellbar. Jeder Standort hatte auch eine eigene Kultur, was eine intensive Kommunikation zwischen den Kollegen zum entscheidenden Faktor für eine gute Zusammenarbeit machte.

Fake-News aus den USA

Das Projekt war erst wenige Tage alt und wir waren mit Aufbau und Organisation der Aktivitäten voll beschäftigt, als schon der erste Paukenschlag kam: In den USA wurde in der Presse von einem Ford Fiesta mit Brennstoffzelle berichtet, der von Kansas City bis New York gefahren war und eine Reichweite von 1000 Meilen haben sollte. Ich nahm diese Pressenotiz nicht sehr ernst, aber in Untertürkheim schlug die Nachricht wie eine Bombe ein. Unser Vorstand war der Überzeugung, dass Daimler mit der Idee an vorderster technologischer Front stand und nun wurde berichtet, dass andere bereits weiter sein sollten. Kurz darauf lud Prof. Billings, der Entwickler dieses Ford Fiesta (Laser Cel 1) mit Brennstoffzelle, Interessierte nach Kansas City ein. Gemeinsam mit dem verantwortlichen Abteilungsleiter für die Fahrzeugentwicklung flog ich in die USA, um in einem Hotel in Kansas City das Fahrzeug in Augenschein zu nehmen (Billings 1991).

In der Lobby des Hotels stand dann tatsächlich der Ford Fiesta und wir durften sogar unter die Motorhaube schauen. Der Motorraum war voll mit Kisten und Rohren aus Edelstahl. Mitarbeiter erklärten uns, dass sich in einer der Kisten der Methanol-Reformer befände, in einer weiteren die Gasreinigung und dann schließlich auch die Brennstoffzelle in einer Edelstahlkiste. Alles war blitzblank und zeigte keinerlei Spuren einer Nutzung, wie wir das aus unseren Labors kannten. Auf Nachfrage nach Funktionsweise und einfachen technischen Details bekamen wir immer die gleiche Antwort: „Sorry, this is proprietary technology. We can`t tell you"[1]. Die Vorträge zur Technologie liefen nach dem gleichen Muster ab. In einer Power-Point-Präsentation wurde das Prinzip gezeigt, aber ohne jegliche technische Detailinformation. In einem persönlichen Gespräch mit Prof. Billings bot er uns einen Kooperationsvertrag an und gegen Bezahlung von 90.000 $ würden wir erste Einblicke in seine Technologie bekommen. Zu guter Letzt fuhr dann der Ford Fiesta aus der Hotel-Lobby heraus, vollkommen leise wie ein Batterie-fahrzeug und ohne irgendein erkennbares Zeichen eines Brennstoffzellen-betriebs, wie z. B. das typische Rauschen des Luftkompressors. Für uns war das aufgrund der vorliegenden Informationen und Eindrücke kein überzeugendes Angebot. Wir berichteten umgehend von unseren Erlebnissen nach Stuttgart und konnten danach wieder ganz normal unsere Projektarbeit fortführen. Ähnliche Geschichten erlebte ich in meinem späteren Berufsleben immer wieder. Gerade als der Hype um die Elektromobilität ausbrach, gab es immer wieder Berichte zu Akkus mit angeblich faszinierenden Eigenschaften, die dann meist schnell wieder aus den Medien verschwanden.

---

[1] Sinngemäß: „Es tut uns leid, es handelt sich um eine firmeneigene Technologie, daher können wir keine Auskunft geben."

Ein wichtiges Element für die Projektsteuerung war die Vorgabe des Technologie-Vorstandes, nicht alles selbst zu entwickeln, sondern einen starken Partner zu suchen, um in möglichst kurzer Zeit „Räder unter die Brennstoffzelle" zu bekommen. Die Technologie sollte im Automobilkonzern sichtbar werden, auch um ihre Glaubwürdigkeit sicher zu stellen. Zu dieser Zeit wussten nur wenige Experten, was eine Brennstoffzelle ist. Allerdings waren diese Experten davon überzeugt, dass eine Brennstoffzelle im Auto überhaupt keinen Sinn macht. „Pigs will fly, before a fuel cell will power a vehicle"[2], urteilte ein anerkannter Brennstoffzellen-Experte auf einer Fachkonferenz 1994 in den USA. Die Brennstoffzellen-Forschung und -Entwicklung zu dieser Zeit fokussierte sich auf große, stationäre Anlagen zur effizienten und emissionsarmen Erzeugung von Strom und Wärme in Gebäuden mit entsprechend wuchtigen Aggregaten.

Die Suche nach einem starken Partner förderte interessante Erkenntnisse zutage. Viele Firmen kannten wir bereits aus den Raumfahrtprojekten. Ein prädestinierter Partner wäre Siemens gewesen. Wir sahen jedoch wenig Chancen, unsere sehr visionären Technologie-Vorstellungen mit dem früheren Partner aus dem Hermes-Projekt realisieren zu können. Die zu dieser Zeit weltweit führende Firma in Sachen Brennstoffzellen war die oben erwähnte UTC in Connecticut. Im September 1991 besuchte ich die Firma und versuchte, den renommierten Chefentwickler von einer Kooperation mit Daimler zu PEM-Brennstoffzellen für Fahrzeuge zu überzeugen. Er hielt aber nur sehr wenig von der neuen PEM-Technologie und versuchte wiederum mich davon zu überzeugen, dass die verfügbare PAFC-Technologie (Phosphoric Acid Fuel Cell) doch sehr viel besser und geeigneter wäre. Das konnte ich aufgrund unserer eigenen Bewertungen überhaupt nicht nachvollziehen. Somit kam ein weiterer potenzieller Partner ebenfalls nicht für unsere Pläne infrage.

Auf nach Vancouver, in die fantastische Stadt am Pazifik

Die Weiterreise nach Vancouver und der Besuch bei Ballard Power Systems sollte eine ganz entscheidende Wendung bringen. Die Gespräche dort verliefen sehr positiv. Die Mentalität der Mitarbeiter war der Dornier-Kultur sehr ähnlich und von einem visionären, zielstrebigen Denken geprägt. Für das damals noch recht kleine Start-Up-Unternehmen mit überschaubaren Laboren in North Vancouver war die Chance, mit Daimler zusammen zu arbeiten, ein Traum. Die Experten der ersten Stunde bei Ballard erkannten sehr schnell, dass wir keine Neulinge auf dem Gebiet der Brennstoffzelle waren. Ihnen gefielen unsere Projektpläne und sie waren sichtlich beeindruckt von unserer Kompetenz und den anspruchsvollen Zielen, die wir verfolgten. Ballard hatte zu dieser Zeit gerade eine 5 kW-Demonstrationseinheit entwickelt. Das etwa $1{,}0 \times 1{,}0 \times 0{,}3$ m^3 große Modul enthielt zwei Brennstoffzellen-Stapel (Stacks) und ein Kühlsystem. Nach Anschluss an eine Wasserstoff-Flasche und an eine Druckluft-Leitung

---

[2] Sinngemäß: „Bevor eine Brennstoffzelle ein Fahrzeug antreibt, werden Schweine fliegen können".

konnte die Funktionalität einfach demonstriert werden. Mit einem solchen Demonstrator konnte man mit Sicherheit das eigene Management überzeugen und gleichzeitig den ersten und wichtigen Schritt für unser Projekt gehen. Wir vereinbarten die Lieferung des Moduls nach Deutschland und nur wenige Wochen später konnten wir es in Immenstaad in Betrieb nehmen. Die Basis für eine langjährige und erfolgreiche Zusammenarbeit war gelegt worden.

Der erste Besuch in Vancouver im September 1991 war der Beginn einer unglaublich spannenden, abwechslungsreichen und auch schönen Zeit. In den kommenden zehn Jahren sollte ich mehr als 60-mal nach Vancouver fliegen und dabei viele positive Erlebnisse mit nach Hause nehmen. In dieser Zeit lernte ich zudem viele neue, sympathische und fachlich exzellente Menschen kennen. Auch der attraktive Standort Vancouver, fantastisch gelegen zwischen Pazifik und den wilden Coast Mountains, war wichtig für gute Stimmung und motiviertes Arbeiten. Aus der Kooperation entstanden herausragende technologische Fortschritte, die im weiteren Verlauf der Geschichte beschrieben werden.

Mit der damals vorhandenen Technologie (Abb. 1.2), als Mark 5 Stack" (das ist der englische Begriff für eine Vielzahl an Zellen, die zwischen zwei Endplatten gestapelt werden) bezeichnet, wollten wir die Vorgabe vom Vorstand, Räder an die Brennstoffzelle zu bekommen, zügig umsetzen. Schnell war die Idee geboren, aus zwölf solcher Stacks mit je etwa 5 kW Leistung ein komplettes System aufzubauen. Aus heutiger Sicht würde man das System, das fast den ganzen Laderaum eines Transporters beanspruchte, als Monster bezeichnen. Die einzelnen Stacks mussten elektrisch verbunden werden und alle mit Kühlwasser, Luft und Wasserstoff versorgt werden. Dazu kam die Steuerung, welche die Stromerzeugung für den E-Motor bedarfsgerecht zur Verfügung stellen musste. Wir hatten keine Pufferbatterie eingebaut, da es zu dieser Zeit keine überzeugende

Abb. 1.2 Zwei der ersten „Mark 5"-Brennstoffzellen-Stacks aus dem Jahr 1992 mit einer Leistung von je 5 kW. Mit zwölf solcher Stacks wurde die Funktionalität im Fahrzeuge Necar1 demonstriert – linkes Bild. Über die nächsten 25 Jahre sollte sich die Leistung pro Gewicht um den Faktor 25 erhöhen. Brennstoffzelle mit einer Leistung von 100 kW aus dem Projekt AutoStack Core – rechtes Bild; Bild Quelle ZSW, alle Rechte vorbehalten

Batterie-Technologie gab. Die Dynamik der Brennstoffzelle sollte ausreichen. Als Demonstrations-Fahrzeug diente ein Transporter vom Typ MB 180.

Dann ging alles sehr schnell. Es dauerte nur zwei Jahre, bis wir mit dem Fahrzeug Necar1 den vereinbarten Meilenstein geschafft und die geforderten Räder unter die Brennstoffzelle gebaut hatten. In diesen zwei Jahren war der Aufbau des Demonstrators und dessen Integration in das Fahrzeug eher ein kleinerer Teil unsere Aktivitäten. Denn wir mussten zeitgleich die Teams und die Forschungsinfrastruktur aufbauen, jetzt an 4 Standorten: Vancouver, Untertürkheim, Ulm und Immenstaad. Parallel dazu vereinbarten wir einen Kooperationsvertrag, der die gemeinsame Entwicklung einer Hochleistungsbrennstoffzelle mit einer Leistungsdichte von etwa 1000 W/l bis 1996 vorsah, eine Verbesserung um den Faktor 10 im Vergleich zur Technologie von 1991. Gemeinsam mit der Demonstration des ersten Fahrzeugs Necar1 im April 1994 wollten wir auch die Abmessungen dieser nächsten Generation Brennstoffzellen präsentieren. Der Demonstrator Necar1 war alles andere als ein ernstzunehmender Brennstoffzellen-Antrieb. Er sollte nur die Machbarkeit zeigen. Mit einem Modell im Maßstab 1:1 präsentierten wir dann gleichzeitig die nächste Technologie-Generation, die in Necar2 demonstriert werden sollte. Diese nächste Generation zu veranschaulichen, war ganz entscheidend, um das Vertrauen in unsere Vision zu stärken.

Es gab zu dieser Zeit sehr wenige Leute, die wussten, was eine Brennstoffzelle ist. Diejenigen, die schon mal etwas mit einer Brennstoffzelle zu tun hatten, waren überzeugt, dass man damit auf gar keinen Fall ein Fahrzeug antreiben konnte. Das Demonstrieren der Technologie in einem Fahrzeug war deshalb enorm wichtig für die Glaubwürdigkeit. Die beiden folgenden Anekdoten illustrieren das sehr schön (Abb. 1.3).

Das Brennstoffzellen-System für Necar1 hatten wir komplett in den Labors in Immenstaad aufgebaut und dort auch getestet. Im November 1993 wurde es dann per LKW nach Untertürkheim befördert, um dort mit dem Fahrzeug *verheiratet* zu werden. Die Kollegen von der Systemtechnik fuhren gleich mit nach Untertürkheim, um die Fahrzeugintegration zügig umzusetzen. Noch am gleichen Nachmittag klingelte bei mir im Büro in Immenstaad das Telefon: Der für das Fahrzeug verantwortliche Abteilungsleiter in Untertürkheim berichtete überglücklich, dass die Fahrzeuginbetriebnahme nach nur zwei Stunden erfolgreich abgeschlossen worden war und Necar1 auf dem Hof seine ersten Runden drehte. So etwas hatte er noch nie erlebt; normalerweise dauert eine Fahrzeuginbetriebnahme mindestens zwei Wochen. Wir hatten also eindrücklich gezeigt: die Brennstoffzelle kann tatsächlich ein Fahrzeug antreiben.

Kurz vor Weihnachten, an einem sehr kalten Montagmorgen, präsentierten wir Necar1 unserem Technologie-Vorstand. Er fuhr das Fahrzeug selbst auf die Einfahrbahn, eine Teststrecke in Untertürkheim und freute sich, dass der brennstoffzellen-betriebene Transporter ganz ohne Batterie und trotz hohen Gewichts, doch recht dynamisch unterwegs war und zudem die Abwärme der Brennstoffzelle für eine gut beheizte Fahrerkabine sorgte. Ich fuhr mit den Kollegen in einem Elektro-Kleinbus hinterher, der mit der damaligen ZEBRA-Batterie ausgerüstet war. Der Bus war auch nicht schneller oder dynamischer als Necar1, aber es war fürchterlich kalt im Batterie-Fahrzeug. Eindrucksvolle Bilder finden sich auf der Mercedes Homepage (Mercedes 2021).

Abb. 1.3 Im Necar1 (1994) nahmen Brennstoffzelle und Wasserstofftank noch den ganzen Platz im Laderaum des Transporters ein. Der Nachweis der Funktionalität stand im Vordergrund – linkes Bild (Bild Quelle Daimler AG, alle Rechte vorbehalten); in der nächsten Generation Necar2 (1996) war die Brennstoffzelle unter der Rücksitzbank verschwunden (siehe auch Abb. 2.6) und der Fahrgastraum wie gewohnt nutzbar – rechtes Bild (Bild Quelle Daimler AG, alle Rechte vorbehalten)

Necar1 – eine Pionierleistung

Dieser Moment hat mich stolz gemacht: Weltpremiere des Necar1 (New Electric Car) am 13. April 1994. Das war eine Initialzündung für viele wegweisende Entwicklungen – eine echte Sensation.

Alles begann im Jahr 1988. Ich arbeitete bei Dornier, wo wir für die bemannte Raumfahrt Brennstoffzellen-Systeme entwickelten – allerdings noch alkalische, die ausschließlich für Wasserstoff/Sauerstoff-Betrieb geeignet waren. Aber dann gab es eine neue Brennstoffzellen-Technologie – die PEM (Proton Exchange Membrane). Sie erst machte die Verwendung in Elektroautos denkbar und genau das schlugen wir vor. Wie es oft ist: Sie wurde erst einmal abgelehnt. Zu utopisch, hieß es. Wir waren mit unserer Idee einfach zu früh.

Unsere Aufgabe: Einen Prototyp für den Brennstoffzellen-Antrieb bauen

Das änderte sich 1991. Ein neues Vorstandsmitglied hatte kurz zuvor die Leitung des Forschungsbereichs übernommen. Er war zwar skeptisch, dass unser Konzept funktioniert, hatte aber ein offenes Ohr und sagte schließlich im November 1991: „Beweist, dass es funktioniert. Baut einen Demonstrator." Es ging also los. Wir hatten nur zwei Jahre Zeit, um mit einem kleinen kreativen Team ein Brennstoffzellen-Aggregat aufzubauen.

Arbeiten wie in einem heutigen Start-up-Unternehmen

Wir standen mit leeren Händen da. Man konnte ja keine Komponenten für Brennstoffzellen-Systeme fertig kaufen. Wir mussten Vorhandenes umbauen oder gezielt bei Lieferanten anfertigen lassen. Die Brennstoffzellen-Stapel kauften wir bei Ballard Power Systems in Vancouver ein. Da wir noch keine CAD-Systeme hatten, behalfen wir uns mit einem normalen Büro-Grafikprogramm, vielen Handskizzen und einem Holzmodell.

Die Arbeitstage waren lang, aber extrem spannend. Heute würde man das als Start-up-Atmosphäre bezeichnen. Doch wir waren erfolgreich: Wir brachten das 50 kW-Aggregat erfolgreich zum Laufen. Es wog 850 kg und war zwei Kubikmeter groß. Wir lieferten es genau zwei Jahre nach Projektstart planmäßig im November 1993 mit dem Lastwagen vom Bodensee nach Stuttgart.

Neues elektrisches Fahrzeug von Daimler fährt das erste Mal im November 1993

Ein Gabelstapler setzte das Modul in den MB100 Transporter, mit acht Schrauben im Laderaum befestigt, der Hochvolt-Stecker verbunden, das Kühlwasser geprüft – und alles funktioniert auf Anhieb. Am nächsten Tag kam der große Moment: der Zündschlüssel wurde gedreht und das Gaspedal betätigt. Necar1 fuhr in Stuttgart-Untertürkheim das erste Mal über den Hof und sofort auf die Einfahrbahn – ein bewegender Moment.

Die Höchstgeschwindigkeit betrug 90 km/h und die Reichweite 130 km. Aus heutiger Sicht ist das wenig. Aber 1993 war das ein riesiger Durchbruch. Die Brennstoffzelle versorgte den 30-kW-Elektroantrieb sogar direkt – ganz ohne Hybridbatterie.

Initialzündung für die Epoche des Brennstoffzellen-Antriebs

Mit dem Necar1 hatten wir Neuland betreten und ahnten zugleich, dass es jetzt erst richtig spannend werden würde. Mit unserem Pilotprojekt hatten wir die Tür in die Epoche des Brennstoffzellen-antriebs im Automobil aufgestoßen.

Die Präsentation vor der internationalen Presse im Forschungszentrum Ulm war ein voller Erfolg. Die Journalisten waren begeistert, und ihre Berichte regten weltweit auch andere Autohersteller an, über die Brennstoffzelle nachzudenken. Wir hatten echte Pionierarbeit geleistet.

Gerald Hornburg ist Maschinenbauingenieur und die Brennstoffzelle war und ist prägend für sein Berufsleben: Er war einer von vier Ingenieuren, die für das 1994 vorgestellte Necar1 das Brennstoffzellen-Aggregat entwickelte. Heute ist er Chief Engineer der Daimler Truck Fuel Cell GmbH & Co KG.

Die Sichtbarkeit der Brennstoffzelle innerhalb des Konzerns, wie auch in den Medien, war sehr wichtig, denn die meisten Ingenieure zweifelten an der Machbarkeit der Technologie im Fahrzeug. Im April 1994 präsentierte Edzard Reuter Necar1 im neuen Forschungszentrum in Ulm der Presse. Das Medien-Echo war groß und die positive Resonanz war eine schöne Anerkennung für Reuters Vision vom integrierten Technologiekonzern. Weitere 20 Jahre später sollte sich der Konzern jedoch immer noch schwer tun mit großen Innovationen jenseits von Benzin- oder Dieselmotoren. Als 2013/2014 asiatische Hersteller mit ihrer ersten Generation kommerzieller Fahrzeuge auf den Markt kamen, wollte Daimler nicht mitziehen, obwohl die Technik für die Fertigung einer größeren Anzahl an Fahrzeugen zur Verfügung stand.

Der Beginn der Partnerschaft Daimler mit Ballard
Die Geschichte der vom Geologen Geoffrey Ballard gegründeten Firma wird in dem Buch „Powering the Future" von Tom Koppel (Koppel 1999) sehr spannend beschrieben. In den 1970er Jahren beschäftigte sich Geoffrey Ballard gemeinsam mit dem Elektrochemiker Keith Prater und dem Ingenieur Paul Howard in den USA mit der Entwicklung von Lithium-Batterien. In den 1980er Jahren begannen dann im kanadischen Vancouver erste Entwicklungen zur PEM-Brennstoffzelle mit Regierungsprojekten zu U-Booten. Ende der 1980er Jahre investierte die Venture Capital Firma West Ventures in das Start-Up-Unternehmen und holte 1988 Firoz Rasul als CEO an Bord. Die Gründer Geoffrey Ballard, Keith Prater und Paul Howard konnte ich alle noch kennenlernen. Sie zogen sich aber bald aus dem Geschäft zurück. Mit dem ersten Börsengang an der Toronto Stock Exchange 1993 konnten die Gründer und frühen Manager ihre Anteile versilbern und einige von ihnen fortan den Ruhestand genießen. 1990 hatte Rasul seinen Jugendfreund Mossadiq Umedaly als CFO an Bord geholt. Beide haben pakistanische Wurzeln und sind gemeinsam in Uganda aufgewachsen. Umedaly war vor seiner Zeit bei Ballard CFO bei der Aga Khan Corporation und ein genialer Stratege in der Welt der Finanz- und Geschäftstransaktionen. Rasul hatte Marketing in London studiert. Mit den beiden neuen Chefs begann auch ein neues Zeitalter in der Firma. Zunächst durch Venture Capital finanziert, dann als börsennotiertes Unternehmen waren schnelle Erfolge und hohe Sichtbarkeit gefragt. Die Kooperation mit uns war da natürlich mehr als willkommen. Es gab zwar schon ein vom U.S. Department of Energy (DOE) finanziertes Projekt mit General Motors, aber unsere eigenfinanzierten Pläne waren ein anderes Kaliber.

Im Zuge der Kooperationsverhandlung 1992 war auch eine Firmen-Beteiligung im Gespräch. Diese hätte das geplante Entwicklungsbudget für die erste Phase der Zusammenarbeit ersetzt, konkret für die Entwicklung der ersten Generation einer Hochleistungs-Brennstoffzelle, als Mark 700 bezeichnet, die dann im Necar2-Fahrzeug und im ersten Bus zum Einsatz kommen sollte. Infolge dieses Angebots flog der verantwortliche Mitarbeiter unserer M&A-Abteilung (Merger and Acquisition; Firmen-Zusammenschlüsse und -Übernahmen) nach Vancouver, um sich ein Bild von der Firma zu machen. Zu dieser Zeit hatten die Kanadier gerade das Brennstoffzellen-System für einen Midibus aufgebaut, der 1993 der Öffentlichkeit präsentiert wurde.

Die Stack-Technologie war die gleiche, die im Necar1 eingebaut wurde. Als der M&A-Kollege aus Stuttgart die Größe der in den Bus einzubauenden Brennstoffzelle sah, war er furchtbar erschrocken: so groß und so wenig Leistung, das wird nie in einen PKW passen, so lautete seine Schlussfolgerung. Damit war die Beteiligung vom Tisch und das Geld floss in den Kooperationsvertrag. Vier Jahre später, als dann die Beteiligung Realität wurde, sprachen wir von ganz anderen Zahlen, aber davon später.

Die sehr pessimistische Einschätzung unserer Stuttgarter Kollegen zur Zukunft der Brennstoffzellen-Technologie wurde auch an einem anderen Beispiel klar. Nach Abschluss des Kooperationsvertrages diskutierten wir auch über die mögliche Projektbeteiligung der Kollegen am Standort Stuttgart. Beim Besuch der Labore in der Batterie-Forschung, die damals noch in einer gemeinsamen Firma mit Volkswagen, der DAUG stattfand, sahen wir zu unserer großen Überraschung den uns vertrauten Brennstoffzellen-Stack aus Vancouver in der Ecke eines Labortisches stehen. Wir lernten, dass die Kanadier nicht nur an uns bei Dornier, sondern auch an die Forschung in Stuttgart eine Brennstoffzelle geliefert hatte. Die Kollegen in Stuttgart kamen nach den Tests zu der Auffassung, dass die Brennstoffzelle für das Auto keinen Sinn macht. Genau das gegenteilige Ergebnis unserer Analysen bei Dornier zu etwa der gleichen Zeit.

Das alles waren Zeichen, dass die Demonstration einer Brennstoffzelle mit hoher Leistungsdichte äußerst dringlich war. Diese Aufgabe wurde mit Abschluss des Kooperationsvertrages von zwei Teams verfolgt: ein deutsches Team, das in Friedrichshafen und später auch in Ulm an der ersten Hochleistungs-Brennstoffzellearbeitete und ein kanadisches Team, das in Vancouver diese Technologie vorantrieb. Die Zusammenarbeit war sehr intensiv und eng abgestimmt. Monatliche Besuche am jeweils anderen Standort und viele Telefon-, später auch Videokonferenzen mit 9 h Zeitverschiebung zwischen amerikanischer Westküste und Mitteleuropa prägten die Arbeit. Zu dieser Zeit – Anfang der 1990er Jahre – kamen die heute nicht mehr wegzudenkenden elektronischen Hilfsmittel erst auf den Markt. Ich kann mich noch gut daran erinnern, wie wir 1991 damit kämpften, die Mailverbindung mit Vancouver zum Funktionieren zu bringen. Die Möglichkeiten der Computer-Programme waren noch vergleichsweise rudimentär. Vielfach mussten wir zur cut-and-glue-Technik (Grafiken und Bilder ausschneiden und aufkleben) greifen, bevor die copy-and-paste-Technologie der Computer das Leben bald sehr viel einfacher machen sollte. Auch Handys kamen zu dieser Zeit gerade erst auf den Markt (Abb. 1.4).

Zwischen und innerhalb der Teams herrschte ein sehr freundschaftliches Verhältnis. Die Zusammenarbeit war ausgezeichnet. Alle waren hoch motiviert und geprägt von einer starken Vision. Interessant war es, die unterschiedlichen Kulturen deutscher und nordamerikanischer Ingenieure zu beobachten. Während die Deutschen sehr analytisch und bedacht ein Problem angingen, hatten die Kanadier sofort eine Lösung parat und wollten diese gleich ausprobieren, auch wenn das meistens erst mal schief ging. Über die Jahre hinweg zeigte sich, dass beide Vorgehensweisen am Schluss zum gleichen Ergebnis führten und etwa gleich viel Zeit benötigten. Ein schönes Beispiel dafür war die Optimierung der Gasverteilerstruktur in der Bipolarplatte. Wir saßen den ganzen Tag in Vancouver im Besprechungsraum zusammen, um das Thema zu analysieren und hatten uns auf ein neues Design verständigt. Während die meisten Teammitglieder

Abb. 1.4 Brennstoffzellen-Stapels (oben): Zwischen den Endplatten (blau und rot) werden viele einzelne Zellen, bestehend aus einer Membran-Elektrodeneinheit (grün) und Bipolarplatten mit den Gasverteilfeldern (grau) gestapelt. Bipolarplatte mit der serpentinenförmig angeordneten Gaskanälen und der Dichtung (rot), die aufgespritzt wird (rechts unten); Bipolarplatte mit geraden, sehr feinen Gaskanälen – links unten; Bild Quelle ZSW; alle Rechte vorbehalten

zum gemeinsamen Abendessen gingen, hatte einer der jungen kanadischen Ingenieure einfach das neue Design in Hardware umgesetzt und präsentierte uns am nächsten Morgen begeistert die ersten Ergebnisse. Natürlich war das noch nicht perfekt, aber ein schönes Beispiel sowohl für den Enthusiasmus als auch die Unbekümmertheit der Nordamerikaner im Umgang mit technischen Herausforderungen.

Für mich persönlich war damals nicht nur die Weiterentwicklung der Technologie von Interesse. Als große Bereicherung und persönlichen Gewinn empfand ich auch die vielen Kontakte mit kanadischen Kollegen aus anderen Bereichen. Wir tauschten uns regelmäßig und in freundschaftlicher Atmosphäre über das Geschehen zur Brennstoffzelle aus. Was passiert in der Welt? Wie denkt Daimler? Was läuft bei Ballard hinter den Kulissen? Dieser Austausch war für die weitere Zusammenarbeit überaus hilfreich.

Eine kleine Exkursion: Wie entsteht eine Hochleistungsbrennstoffzelle?

Die folgenden zwei Seiten sind für Leser gedacht, die sich gerne mit der Funktionsweise der Brennstoffzelle im Detail auseinandersetzen wollen.

Eine hohe Leistungsdichte bedeutet weniger Platzbedarf für den Einbau in das Fahrzeug und geringere Kosten für die Brennstoffzelle. Welche technologischen

Herausforderungen waren zu bewältigen, um die geplante Leistungsdichte von 1000 W pro Liter zu realisieren? Zunächst gab es eine neue Membran, die im Vergleich zur klassischen Nafion117-Membran sehr viel höhere Ströme pro Flächeneinheit und damit eine höhere Leistung bei gleicher Baugröße ermöglichte. Die ersten Versuche waren sehr vielversprechend. Dies aber dann in größeren Zellen und für sehr viele Zellen in einem Stack reproduzierbar zu realisieren, erforderte sehr viel Detailarbeit. Hinzu kam, dass es nur eine Experimentalmembran war, die DOW Chemical für die Chlor-Alkali-Elektro-lyse entwickelt hatte (das war übrigens zu dieser Zeit auch die Hauptanwendung der Nafion-Membran von DuPont). Das bedeutete viele Gespräche mit DOW Chemical zu deren Kommerzialisierungsplänen und natürlich auch mit DuPont zu deren Plänen, eine ähnliche Membran zu entwickeln. Damit verbunden war eine intensive Reisetätigkeit zu diesen Firmen wie auch zu vielen anderen Herstellern von Komponenten der Brenn-stoffzelle. Am Ende gab DOW seine Aktivitäten auf und verkaufte die Technologie an DuPont. Es sollten bis heute viele weitere Optimierungen der Membran erfolgen. Die Ironie der Geschichte ist, dass DOW Chemical und DuPont 2017 zu einem Konzern ver-schmolzen wurden.

In den 1990er Jahren hatte Ballard auch eine eigene Membran entwickelt. Genau genommen war es eine Tochterfirma, an der einer der Gründer, Dr. Alfred Steck, beteiligt war. Der Wunsch, eine bessere Membran innerhalb von Ballard zu entwickeln, war groß und es floss sehr viel Geld in diese Forschungsarbeiten. Der Druck auf die Ent-wicklungsteams, die hauseigene Membran durchzusetzen, war deshalb hoch. Es gelang aber nie, eine ausreichend gute Haltbarkeit zu erzielen. Die Aktivitäten wurden viele Jahre später eingestellt.

Eine weitere, für hohe Leistungsdichten bestimmende Komponente ist die Bipolar-platte mit den Kanälen für die Versorgung der Zelle mit Wasserstoff bzw. Luft und für das Kühlwasser. Die ersten Bipolarplatten wurden aus Grafitblöcken gesägt. Ent-sprechend dick (5 mm pro Platte) und teuer waren diese Bauteile. Auch das Fräsen der Kanäle war sehr aufwendig. Recht bald konnten wir auf einen kostengünstigeren Komposit-Werkstoff, bestehend aus etwa 80 % Kohlenstoff und etwa 20 % eines Poly-mers, umsteigen. Damit gelang es, deutlich dünnere Platten (etwa 2 mm) herzustellen. Die Bearbeitung war damit auch deutlich einfacher. Ein Ansatz, den wir viele Jahre intensiv verfolgten, war das Prägen von Grafitfolien, die direkt aus expandierten Grafit-flocken und einem Harz hergestellt wurden. Trotz vieler Jahre intensiver Forschung gelang es nicht, dieser Technologie zum Durchbruch zu verhelfen. Die notwendige Präzision der Bauteil-Geometrien zu erreichen, war eine große Herausforderung. Mit Edelstahlfolien gelang es viele Jahre später sehr viel dünnere (deutlich unter 1 mm dicke) Bipolarplatten zu fertigen. Kohlenstoff-Komposit-Bipolarplatten werden heute zu einem großen Anteil von Nisshinbo produziert. Mit Akribie und Durchhaltevermögen gelang es den Japanern, ein eindrucksvolles Heißpressverfahren für große Stückzahlen zu entwickeln, jedoch liegen die Materialdicken weiterhin deutlich über denjenigen metallischer Bipolarplatten.

Ein weiteres, bis heute intensiv bearbeitetes Thema, ist das Zusammenspiel der Gas-diffusionselektrode und der Gasverteilstruktur in der Bipolarplatte. Darüber wird der Abtransport des bei der Brennstoffzellen-Reaktion erzeugten Wassers sichergestellt. Diesen Wassertransport optimal zu gestalten hat nicht nur entscheidenden Einfluss auf die Leistungsdichte, sondern auch auf die Lebensdauer der Zelle. Die Geometrie der Gasverteilerstruktur gehört zu den Kernkompetenzen von Ballard. Über eine serpentinenartige Anordnung der Kanäle konnte die richtige Kanallänge eingestellt werden, die den Abtransport von Wassertropfen in den Kanälen durch einen genügend hohen Druckabfall der durchströmenden Luft sicherstellte. Gleichzeitig wurde damit die Elektrode möglichst homogen mit Gas versorgt.

Zum Abschluss der technischen Ausführungen zu den Entwicklungsaktivitäten noch ein kleiner Schwenk zum Thema Katalysator. Als Katalysator wird bis heute Platin oder eine Platinlegierung verwendet. Das hat einen großen Einfluss auf die Kosten. Die Reduzierung der Platinmenge durch eine optimale Abstimmung aller Komponenten bleibt deshalb auch weiterhin ein wichtiges Forschungsthema. In den frühen Jahren hatte Ballard eine sehr ungewöhnliche Technik zum Auftragen des Katalysators auf die Gas-diffusionselektrode (diese muss man sich als eine Art Papier aus Grafitfasern vorstellen). Dazu wurde eine kleine, genau abgewogene Menge Katalysatorpulver auf die Mitte der Elektrode geschüttet und mit einer speziellen Flüssigkeit getränkt. Mithilfe eines kleinen Spatels wurde daraus eine Paste angerührt und gleichmäßig über die Elektrode gestrichen. Eine begabte Mitarbeiterin, die dafür das richtige Geschick mitbrachte, produzierte regelmäßig die handwerklich besten Elektroden.

Im Jahr 1994 hatte sich Technologievorstand Prof. Weule zu seinem ersten Besuch nach Vancouver angemeldet. Wir waren mit einem kleinen Team als Vorhut angereist, um alles perfekt vorzu-bereiten. Beim Laborrundgang sollte dann auch diese spezielle Technik der Katalysatorauftragung gezeigt werden. Ich erklärte den Kanadiern, dass sie diesen Teil besser auslassen sollten – Prof. Weule ist Experte in Produktionstechnologie und wird sich sicherlich nicht für Handwerkskunst in der Produktion begeistern. Mein Vorschlag wurde natürlich ignoriert und die Antwort kam wenige Tage nach dem Besuch prompt: Die „Beschichtungstechnologie" hatte bei ihm einen bleibenden Eindruck hinterlassen. Die Daimler-Produktionsforscher sollten sich doch unbedingt einbringen. Einige Jahre später sollte die intensive Einbindung der Produktionsforschung eines Großkonzerns zu weiteren, sehr interessanten Erlebnissen führen.

Für die Brennstoffzellen-Technologie hatten wir einen strategischen Kooperationspartner gefunden, um zu schnellen Fortschritten zu kommen. Hinsichtlich der Systemtechnik setzten wir stark auf das eigene Know-how. Auch bot sich keine interessante Option für einen externen Partner an. Falls überhaupt, fanden solche Entwicklungen bei den anderen, konkurrierenden Automobilkonzernen statt und eine Zulieferindustrie zu den erforder-lichen Komponenten gab es noch nicht. Diese sollte erst 25 Jahre später entstehen.

Das Zusammenspiel aller Komponenten eines Brennstoffzellen-Systems zu ver-stehen und daraus die Anforderungen an alle Komponenten abzuleiten, ist eine der Kern-kompetenzen der Systementwickler. Was muss ein Luftkompressor können, um der Brennstoffzelle immer ausreichend Luft in der geforderten Dynamik zur Verfügung zu stellen? Wie hängen Druck und Massenstrom der Luftversorgung über einen Kompressor mit der Leistung der Brennstoffzelle zusammen? Diese Fragen kann man fast beliebig fortsetzen. Sie machen die Komplexität der Aufgaben der System-Entwickler deutlich. Das Ergebnis dieser Arbeiten sind dann die Spezifikationen für alle Komponenten eines Brennstoffzellen-Systems, aber auch für die Schnittstellen zum Fahrzeug und dessen Baugruppen. Dazu gehören die geforderte Fahrdynamik, die Auslegung des Kühlers oder der verfügbare Einbauraum und die Anforderungen an die Sicherheit, wie z. B. beim Crash.

Da es keine Zulieferindustrie gab, stellte sich die Beschaffung der Komponenten und der Aufbau des Systems als sehr anspruchsvoll dar. Ein Beispiel war der schon erwähnte Kompressor für die Luftversorgung der Brennstoffzelle. Fast alles, was es auf dem Markt gab, produzierte ölhaltige Druckluft, die zu einer schnellen Schädigung der Brennstoffzelle führt. Dazu hatten damalige Kompressoren einen lausigen Wirkungsgrad, mit der Konsequenz, dass der ganze Antrieb zu viel Kraftstoff verbrauchte. Unser, für das Thema verantwortliche Entwicklungsingenieur, fand 1992 heraus, dass es im nahe gelegen Lindau ein kleines Entwicklungsteam gab, das die Wankel-Technologie nach dem Tod des Erfinders Felix Wankel weiterentwickelte. Sie hatten den Wankel-Motor in einen Kompressor umkonstruiert, der für die CO_2-Klimaanlagen in Fahrzeugen zum Einsatz kommen sollte. Diese Technologie sollte dann als Luftkompressor für die ersten Brennstoffzellen-Fahrzeuge zum Einsatz kommen. Leider verstarb der Erbschaftsverwalter, der die Wankel-Technologie-Entwicklungsstelle verantwortete, völlig unerwartet. Die Aktivitäten in Lindau wurden eingestellt. Damit ging die Ära Wankel endgültig zu Ende und wir mussten nach einer neuen Lösung für unseren Kompressor suchen.

Parallel zu den Systemaktivitäten bauten wir ein Team für die Entwicklung des Methanol-Reformers auf. Mit dem Reformer wird der Kraftstoff Methanol in Wasserstoff, dem Brenngas für die Brennstoffzelle, und CO_2 aufgespalten. Diese Technologie ist in der Chemieindustrie altbekannt. Die Anlagen für diese katalytische Spaltung waren allerdings damals in der für unsere Pläne notwendigen Leistungsklasse etwa 10 m hoch, brauchten etwa einen Tag zum Anfahren und lieferten dann über Jahre konstant bei Tag und Nacht Wasserstoff, ohne jeglichen dynamischen Betrieb. Das passte alles nicht zu einem Fahrzeugantrieb. Die grundlegenden thermodynamischen Daten und die Kinetik der chemischen Prozesse widersprachen allerdings nicht unseren Plänen eines hochdynamischen und kompakten Wasserstofferzeugers aus Methanol. Folgende Herausforderungen mussten angegangen werden: Ein Wasser/Methanol-Gemisch sehr schnell verdampfen, um dann in einem katalytischen Prozess bei etwa 300°C in ein Gemisch aus Wasserstoff und CO_2 aufspalten. Dabei entstanden auch geringe Anteile an Kohlenmonoxid, die vollständig entfernt werden mussten, um die Brennstoffzelle nicht zu schädigen. Alles bekannte Prozesse. Deren Umsetzung in der gewünschten Kompaktheit, in einem hoch-dynamischen Betrieb (zwischen Leerlauf und Volllast), inklusive einer kurzen Kaltstartzeit (von Umgebungstemperatur auf die Betriebstemperatur von etwa 300°C aufheizen) war aber komplett neu und erforderte viele Jahre intensivste Entwicklungsarbeit, bei der das Team immer wieder an die Grenzen des Machbaren gehen musste.

An dieser Stelle sollte erwähnt werden, dass eine Hybridisierung des Antriebes mit Batterien, um darüber die Dynamik abzufangen, zu dieser Zeit kein Thema war. Im Extremfall hätte man sogar die Brennstoffzelle nur zum konstanten Nachladen der Batterie nutzen können (dieses Prinzip wird heute als Range Extender bezeichnet und wieder aufgegriffen). Damals gab es allerdings nur die Bleibatterie, die aufgrund von Gewicht und Lebensdauer für Fahrzeugantriebe nicht geeignet ist. Die Lithium-Ionen-Batterie, die Sony 1990 für die Unterhaltungselektronik erstmals produziert hatte, kam erst Mitte der 2000er Jahre mit Tesla in die ersten Fahrzeuge. Ein weiteres Argument gegen eine starke Hybridisierung (Range Extender) kam von den Kollegen aus der Fahrzeugentwicklung: für einen Mercedes ist Maximalleistung gleich Dauerleistung. Damit war ein Konzept, bei dem die Batterie auch mal leer sein und nicht zur Beschleunigung beitragen konnte, von vornherein zum Scheitern verurteilt.

Der entscheidende Faktor, solche herausfordernden technischen Ziele zu erreichen, ist jedoch, genügend erfahrene Mitarbeiter an Bord zu haben. Das braucht Zeit, vor allem dann, wenn die Technologie völlig neu ist. So mussten wir die notwendige Erfahrung selbst aufbauen und auch die Projektpläne entsprechend anpassen. Für die Reformerentwicklung brauchten wir mehr Zeit als ursprünglich angenommen. Gleichzeitig war es aber nach Necar1, der die grundsätzliche Machbarkeit gezeigt hatte, enorm wichtig, im nächsten Fahrzeug die neue, sehr kompakte Brennstoffzelle zu demonstrieren. Wir beschlossen daher, sie in einem Van mit Wasserstoff als Kraftstoff umzusetzen (Necar2, 1996) (siehe Abb. 1.3 und 2.6). Erst im nächsten Schritt sollte Necar3 mit Methanol als Kraftstoff in einer A-Klasse der Öffentlichkeit gezeigt werden (1997).

Am 14. Mai 1996 war es so weit: das neue Brennstoffzellen-Fahrzeug Necar2 wurde der Weltöffentlichkeit in Berlin vorgestellt. In einem riesigen, roten Container auf einer Stahlkonstruktion in etwa 30 m Höhe, mitten in einer gigantischen Fläche aus aufgewühlter Erde und viel Wasser, wurde das neue Fahrzeug Necar2 den etwa 300 Journalisten aus der ganzen Welt präsentiert. Einige Jahre später sollte sich genau diese Szenerie in ein modernes Großstadtviertel verwandelt haben: der Potsdamer Platz im wiedervereinigten Berlin. Die Pressekonferenz war geprägt von einer sehr visionären Rede des damaligen Mercedes-Benz-Vorstandes Werner. Im Anschluss konnten die Journalisten mit dem neuen Fahrzeug eine Spritztour zum nahegelegenen Brandenburger Tor unternehmen und sich mit uns über Technologie und Visionen austauschen.

Eine der für mich bleibenden Eindrücke war eine dieser Touren im 6-sitzigen Van mit Journalisten. Beim Aussteigen sagten sie: „Das ist ja wie ein ganz normales Fahrzeug". Im ersten Augenblick war ich in meinem Enthusiasmus enttäuscht von dieser eher nüchternen Aussage. Für die Brennstoffzelle bedeutete es aber, dass sie in der normalen, alltäglichen Welt angekommen war.

Das weltweite Presseecho zu der Veranstaltung war enorm und hatte nicht nur für uns sondern für die weltweite Automobilindustrie spürbare Folgen. Die Präsentation von Necar2 löste einen Hype aus und die automobile Welt sprang auf das Thema auf.

Ein Jahr später, im Mai 1997, präsentierten wir dann den ersten Brennstoffzellen-Bus, Nebus, der Weltöffentlichkeit. In ihm waren nicht zwei, wie im Necar2, sondern zehn

Abb. 1.5 Nebus – der erste
Stadtbus von Daimler. (Bild
Quelle: Daimler AG, alle
Rechte vorbehalten)

der neuen Brennstoffzellen-Stacks mit einer Leistung von insgesamt 250 kW brutto eingebaut. Parallel zum Nebus hatte Ballard drei weitere Stadtbusse aufgebaut, die dann
mehrere Jahre in Chicago im normalen Linienverkehr eingesetzt wurden. Im Nach-
hinein und im Sinne einer Produktstrategie betrachtet, war der Brennstoffzellen-Bus
sehr viel attraktiver als der Van Necar2. Der Nebus war unter vielen Aspekten bereits
ein attraktives Fahrzeug und über einige Jahre in der ganzen Welt mit vielen Fahrgästen
unterwegs. Trotz vieler weiterer, sehr erfolgreicher Wasserstoff-Busse in den folgenden
Jahren, sollte deren Kommerzialisierung erst 2020 richtig beginnen (Abb. 1.5).

Die Folgen der Präsentation von Necar2 in Berlin waren im Konzern und für uns
alle, die an dem Thema arbeiteten, sehr weitreichend. Bis dahin lief die Entwicklung
der Brennstoffzellen-Fahrzeuge in der Verantwortung der Forschung unter der Obhut
des Technologie-Vorstandes. Da das Thema weltweit an Bedeutung gewann, mussten
sich auch die Produktverantwortlichen dazu äußern und eine Strategie entwickeln.
Wie in jedem Automobilkonzern gab es auch dafür eine eigene Abteilung, die für die
Produktstrategie verantwortlich war. Diese Abteilung bekam den Auftrag, ein Strategiepapier für alternative Antriebe auszuarbeiten. Für diesen etablierten Prozess mussten
sehr viele Fragen zur Technologie und deren Reifegrad beantwortet werden, einfach
alles, was für die Kommerzialisierung eines neuen Fahrzeuges bzw. Antriebes wichtig
ist. Das sollte uns für viele Monate sehr viel Arbeit und extrem anstrengende Strategie-
sitzungen bereiten. Besonders herausfordernd war die Tatsache, dass alle denkbaren
Antriebstechnologien gleichzeitig betrachtet wurden und für jede Technologie die
jeweiligen Experten mit am Tisch saßen. Benzin-, Diesel-, Erdgas-Motoren, Hybridan-
trieb, batterie-elektrischer Antrieb und unsere Brennstoffzellen traten gegeneinander an.
Gekämpft und gefeilscht wurde mit allen Mitteln, auch unter dem Tisch. Für uns Neulinge im Automobilgeschäft war es nicht einfach, das alles zu durchschauen. Nach den
ersten Sitzungen war die Stimmungslage zur Brennstoffzelle insgesamt recht positiv.
Gegen Ende des Prozesses kippte diese positive Stimmung. Das Abschlussdokument
gab keine konkrete Empfehlung für die Brennstoffzelle ab und die Skepsis gegenüber

allen alternativen Antrieben war deutlich herauszulesen. Die Vorhersagen für den Ausgang der Vorstandssitzung, die die finale Strategie verabschieden sollte, waren entsprechend gedämpft. Es sollte jedoch anders kommen: einer der Vorstände war ganz
generell mit der Arbeit der Konzern-Strategen und mit einigen ihrer früheren Vorschläge
sehr unzufrieden und setzte die Brennstoffzellen, entgegen dem Vorschlag der Strategie-
abteilung, durch. Eine neue Ära der Brennstoffzelle war angebrochen, raus aus der
Forschung und hinein in die Produktentwicklung.

1.2   Erkenntnisse aus dieser Zeit, die von Forschung und Entwicklung geprägt war

Die erste Phase der Brennstoffzellen-Historie bis 1996 war stark von Forschung bzw.
Technologieentwicklung in drei sehr unterschiedlichen Organisationen – Dornier,
Daimler und Ballard Power Systems – geprägt. Um die Ereignisse aus dieser Zeit zu
analysieren und zu bewerten, ist es sinnvoll, zunächst noch einige wichtige Begrifflich-
keiten zu erläutern.

Als erstes gilt es zwischen Invention und Innovation zu unterscheiden. Diese beiden,
sehr unterschiedlichen Themen werden in der öffentlichen Diskussion gerne vermischt.
Eine *Invention* ist zunächst eine neue Idee oder ein Forschungsergebnis. Innovationen
entstehen erst dann, wenn aus einer Invention ein neues Produkt, eine neue Dienst-
leistung oder ein neues kommerzielles Verfahren entsteht, und tatsächlich erfolgreich im
Markt zur Anwendung kommt. Die nachfolgende Marktdurchdringung und Verdrängung
alter Produkte, wird als Marktdiffusion bezeichnet.

Im Fall von *Innovationen* gibt es, vereinfacht formuliert, zwei grundsätzlich verschiedene Typen: Zum einen die inkrementelle oder evolutionäre Innovation. Sie steht
für die kontinuierliche Weiterentwicklung eines bestehenden Produktes, um dessen
mittel- und langfristigen Erfolg im Markt abzusichern. Die konsequente und intensive
Verfolgung von inkrementellen Innovationen hat der deutschen Wirtschaft über die
letzten Jahrzehnte zu einer weltweiten Spitzenposition verholfen. Das duale Aus-
bildungssystem und eine breit gefächerte, öffentliche Forschungslandschaft waren
Garant dafür. Forschungsergebnisse können zügig in einen Markterfolg umgesetzt
werden, da die komplette Wertschöpfungskette im Land etabliert ist. Ein schönes und
zum Buch passendes Beispiel ist die deutsche Automobilindustrie. Durch intensive und
regelmäßige Verbesserung von sehr vielen Details eines Antriebs oder des Fahrzeuges
gelang es dieser Industrie, weltweit erfolgreiche Marken zu schaffen, verbunden mit
einem sehr ausgeprägten Selbstbewusstsein dieser Branche. Viele der Innovationen
werden in der Zulieferindustrie und im Maschinenbau (Produktionstechnik) realisiert.
Die kontinuierliche Optimierung eines Produkts hängt auch eng mit einem markanten
Wettbewerbsdruck zusammen und führt häufig zu einer starken Spezialisierung, vielfach
sogar zu einer sehr feingliedrig fragmentierten Zulieferindustrie.

Auf der anderen Seite gibt es die sogenannten Basisinnovationen, oft auch als Sprunginnovation oder als disruptive (englisch für „zerstörerisch") oder radikale Innovation bezeichnet. Hier handelt es sich um Technologien, die beim Eintritt in den Markt zu einer schnellen Verdrängung bestehender Produkte und zu einem Umbruch der Industrielandschaft führen. Für diese radikalen Innovationen gibt es in der Regel keinen konkret existierenden Markt, der analysiert werden könnte und auch keine ausgeprägte Zulieferindustrie, die wichtige Vorprodukte liefern kann. Regelwerke und Standards müssen erst noch geschaffen werden. Das klassische, gern zitierte Beispiel für diese Art von Innovation ist die Digitalkamera, die die komplette Industrie mit analogen Kameras und der damit gekoppelten Industrie für Filmmaterial zum Einsturz brachte. Prominente Beispiele sind die Firmen Kodak und Agfa. Die hervorragende Analyse von Clayton M. Christensen (C.Christensen, Innovators Dilemma) zu den Gemeinsamkeiten von disruptiven Innovationen im gesamten letzten Jahrhundert ist sehr hilfreich, um dieses Thema zu verstehen. Eines der Ergebnisse war, dass aus großen Konzernen heraus so gut wie nie disruptive Innovationen entstanden sind. Der Innovationsexperte Tony Seba (T.Seba, Clean Disruption) hat in den letzten Jahren die Erkenntnisse von Christensen weiterentwickelt und die digitalen Geschäftsprozesse, die immer mehr an Bedeutung gewinnen, integriert. Eine wichtige Erkenntnis dieser beiden Innovationsforscher ist, dass eine disruptive Innovation nur schwer planbar ist. Sobald der Markt beginnt, die Innovation zu akzeptieren, setzt die Marktdurchdringung sehr schnell ein. Das hat zur Folge, dass nur die Akteure, die technologisch für die neuen Produkte gut gerüstet sind, schnell handeln können und im Markt eine Rolle spielen werden.

Zurück zur Innovation des Brennstoffzellen-Antriebs: Hier handelt es sich eindeutig um eine radikale Innovation, die so gar nichts mit der global etablierten, auf Verbrennungsmotoren basierten Fahrzeugindustrie und der Mineralölindustrie, die Kraftstoffe und Schmiermittel dafür liefert, gemein hatte. Diese beiden Branchen gehören traditionell zu den profitabelsten und mächtigsten der Welt. Bei einem Brennstoffzellen-Antrieb ist alles, von den Komponenten über den E-Motor bis hin zur Infrastruktur für den Kraftstoff komplett neu. Sie führt in der Konsequenz zur Verdrängung alter Technologien wie dem Verbrennungsmotor mit Getriebe und vielen anderen daran gekoppelten Bauteilen. In so einer Ausgangslage macht es wenig Sinn, wenn einige Forscher im „stillen Kämmerchen" an einer neuen Technologie arbeiten. So ein Ansatz würde in der Welt überhaupt nicht wahrgenommen werden und hätte kaum eine Chance auf Erfolg. Die Tatsache, dass Daimler-Vorstand Weule sich von einigen Visionären bei Dornier für dieses Thema begeistern ließ, war ganz entscheidend für den Beginn der ganzen Geschichte. Der Vorstand eines großen, erfolgreichen Konzerns konnte die Budgets, die für solch eine, sehr umfangreiche Aktivität notwendig waren, bereitstellen. Er hat die Macht, die vielen internen Hemmnisse in einer großen Organisation beiseite zu schieben. Der Kampf um die Forschungsbudgets hätte sonst nie ein neues Thema mit so großem Finanzbedarf zugelassen, denn andere Forschungsabteilungen mussten dafür ihre angestammten Themen aufgeben oder reduzieren. Die Rolle des „Machtpromotors" wird in der Innovationsforschung vielfach beschrieben, in der Realität aber selten beachtet. Es bedarf einer oder mehrerer Führungspersonen, die die Macht haben und über die Ressourcen verfügen, um eine solche Entwicklung zu beginnen und vor allem durchzuhalten, wie sich im Verlauf der Geschichte noch mehrmals zeigen sollte.

Um die Idee und die Chancen einer Technologie für eine radikale Innovation zu bewerten, bedarf es einer ganzheitlich orientierten Analyse der Technologie und aller Implikationen für einen potenziellen Markterfolg. Für das Verständnis ihrer physikalischen, technischen und kostenseitig limitierenden Elemente und externer Zusammenhänge (z. B. neue Infrastruktur für den Kraftstoff oder die Ökobilanz für den Antrieb) bedarf es kreativer Querdenker mit einem fundierten technischen Verständnis; das heißt einer Atmosphäre, die Querdenken zulässt und die viele verschiedene Expertisen zusammenführt. Die Unternehmenskulturen von Dornier oder des Start-Up-Unternehmens Ballard Power Systems waren dafür der geeignete Rahmen. Im Fall von Dornier waren beispielsweise die typischen Methoden aus der Raumfahrt sehr hilfreich für die Bewertung technologischer Optionen. Dazu gehört das sogenannte Systems-Engineering, das ganzheitliche Analysen durchführt und in der Raumfahrt und Militärentwicklung seine Wurzeln hat. So war es 1990 ganz entscheidend, das Potential, das sich aus der neuen Membran von Dow Chemical ergab, zu verstehen und auf einen kompletten Antriebsstrang zu übertragen. Die sehr viel höhere Leitfähigkeit der Membran ermöglichte sehr hohe Stromdichten und daraus resultierte wiederum das Potenzial für eine sehr kompakte Bauweise der Brennstoffzelle; einer der wichtigsten Faktoren, um die enormen Leistungssteigerungen über die vergangenen 30 Jahre zu ermöglichen. Auch beim Reformer, der Wasserstofferzeugung aus Methanol, war die Verbesserung des in der Chemieindustrie bekannten Standards in Bezug auf Baugröße und Dynamik unglaublich groß.

Neben der Durchführung ganzheitlicher Analysen waren für die Erfolge der ersten Jahre jedoch noch weitere Punkte ganz entscheidend. Dazu gehört eine Mischung aus Talent, Umsetzungswillen und ausreichenden Ressourcen, um die Technologie zu entwickeln und sie sichtbar zu machen, gepaart mit einer fordernden Zielsetzung, der Vision – „Räder unter die Brennstoffzelle" bringen. Daimler mit seiner enormen Ertragskraft und Ballard mit seiner Marktkapitalisierung konnten diese Ressourcen zur Verfügung stellen und das nötige finanzielle Moment erzeugen. Dadurch wurden Freiräume geschaffen, die Kreativität zuließen und förderten, aber auch schnelle Ergebnisse einforderten. Dabei darf nicht vergessen werden, dass auch enormes Durchhaltevermögen und viel Kreativität notwendig sind, um die unendlich vielen Hürden im Laufe der Entwicklung zu überspringen oder elegant zu umschiffen.

Die in etablierten Geschäften üblichen Analysen der Kundenwünsche gibt es bei einer radikalen Innovation nicht – man kann aber die Potenziale abschätzen. Der Versuch einen Fotographen, ob begeisterter Amateur oder Profi, von Digitalkameras zu überzeugen, wäre in der Zeit um 1990 völlig vergeblich gewesen. Niemand hätte sich vorstellen können, was nur zehn Jahre später Realität wurde und schnell den Markt dominierte. Interessant für die weitere Geschichte der Brennstoffzelle ist auch, dass die Technologie der Digitalkamera bei Kodak entwickelt wurde, die eigentliche Innovation wurde dann von großen Konzernen aus Japan vorangetrieben und auf den globalen Markt gebracht.

Ein weiterer, entscheidender Punkt ist, die Potenziale einer Entwicklung für Laien sichtbar zu machen und einer breiten Öffentlichkeit in attraktiven Anwendungen zu demonstrieren. Die erste Generation Brennstoffzelle (1994) mit einer Leistungsdichte von nur 150 W/l führte zu ungläubigem Kopfschütteln. Mit der nächsten Generation in Necar2 und Nebus, 1996, wurde das Thema langsam spannend. Die ab dem Jahr 2000 verfügbare Technologie mit 1100 W/l ließ bereits eine Aussicht auf attraktive Produkte zu. Die Technologie mit über 4.000 W/l, die 15 Jahre später sichtbar wurde, sollte dann unter jede Motorhaube passen und letzte Zweifel zerstreuen.

Auch der Zeitgeist spielt für den Erfolg einer Innovation eine wichtige Rolle. Die 1990er Jahre waren geprägt vom Ende des kalten Krieges und einer globalen Aufbruchsstimmung. Die Reaktorkatastrophe von Tschernobyl 1986 hatte zudem ein Umdenken in der Öffentlichkeit verursacht. Der Umweltgedanke kam immer stärker zum Tragen und damit auch der Wunsch nach emissionsarmen Antrieben. Zur selben Zeit haben Internet und moderne elektronische Geräte zu einem unglaublichen Boom der High-Tech-Industrie geführt. Dies war auch für die Brennstoffzelle hilfreich und hat Firmen wie Ballard ermöglicht, an der Börse sehr viel Geld einzusammeln, um die Technologie voranzutreiben.

Zusammenfassend können für die Phase bis 1996 folgende Erkenntnisse festgehalten werden: Um eine völlig neue Technologie so weit vorzubereiten (Necar2, Nebus), dass eine Produktentwicklung gestartet werden kann, bedarf es eines großen Kapitaleinsatzes. Über diese Mittel verfügen große Konzerne oder sie müssen durch ein geeignetes Finanzierungsmodell bereitgestellt werden (Ballard). Die Unternehmenskulturen von Dornier und Ballard lieferten die notwendige Freiheit und Flexibilität von Ideen und Entscheidungen. Dazu gehört die Integration aller notwendigen Kompetenzen und Fähigkeiten in einem Team, das von einer Vision geprägt, hochmotiviert eine schnelle Umsetzung der Technologie in sichtbare Anwendungen ermöglicht.

Quellen

Watkins, Fuel Cell Systems 1993: D.S. Watkins, Research, Development, and Demonstration of Solid Polymer Fuel Cell Systems; Fuel Cell Systems (Plenum Press 1993) p.493 f

Weber, Olynthus 1988: R.Weber; Der sauberste Brennstoff; Olynthus Verlag 1991

Wiesener, TU Dresden 1965: K. Wiesener, J. Garche, W. Schneider, Elektrochemische Stromquellen 1981, Akademieverlag Verlag Berlin (2013 übernommen vom Walter de Gruyter Verlag)

Kurzweil, Springer 2013: P. Kurzweil; Brennstoffzellentechnik; Springer Verlag 2013

JRC, Well to Wheel: https://ec.europa.eu/jrc/en/publication/eur-scientific-and-technical-research-reports/well-wheels-report-version-4a-jec-well-wheels-analysis

Daimler, Historie: https://www.daimler.com/konzern/tradition/geschichte/1984-1995.html (zuletzt aufgerufen am 15.6.2021)

DASA, Wikipedia: https://de.wikipedia.org/wiki/DASA_%28Luft-_und_Raumfahrtkonzern%29

Billings 1991: https://www.rogerebillings.com/hydrogen/ (zuletzt aufgerufen am 15.6.2021)

Koppel, 1999: Tom Koppel, Powering the Future, John Wiley&Sons Canada Ltd, 1999

Mercedes, 2021: Mercedes, 25 Jahre Necar1: https://www.mercedes-benz.com/de/classic/historie/25-jahre-necar-1/ (zuletzt aufgerufen am 15.6.2021)

C.Christensen, Innovators Dilemma: Clayton M. Christensen, The Innovators Dilemma, Harvard Business School Press, 1997.

T. Seba, Clean Disruption: Clean Disruption Energy & Transportation – https://www.youtube.com/watch?v=6Ud-fPKnj3Q (zuletzt aufgerufen am 15.6.2021)

Von Technologie-Demonstratoren zu Fahrzeugflotten in Kundenhand

2

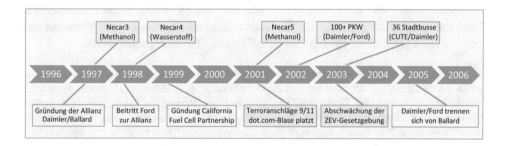

2.1 Produktentwicklung und Erprobung von 1997 bis 2005 – Vision und Kreativität

Die Geschichte erzählt von Werner Tillmetz

Die sechs Jahre, von der Gründung des Daimler Projekthauses Brennstoffzelle 1997 bis zu den mehr als einhundert PKW und 36 Stadtbussen, waren äußerst ereignisreich. Viele organisatorische Veränderungen, große technologische Fortschritte und der Wechsel von Methanol zu Wasserstoff als Treibstoff prägten diese Zeit. Große kulturelle Unterschiede zwischen den beteiligten Firmen und die Verhinderungsstrategien der Konkurrenten waren eine harte Lehre.

Projekthaus Brennstoffzelle – die ersten Schritte
Entgegen den Erwartungen hatte der Vorstand in einer Strategiesitzung im Herbst 1996 beschlossen, dass die Produktentwicklung von Mercedes Benz die Verantwortung für

die Entwicklung des Brennstoffzellen-Fahrzeuges übernimmt. Bis dahin liefen die Aktivitäten innerhalb der Konzern-Forschung. Was bedeutete das für unsere Aktivitäten und vor allem: Wie sollte es konkret weiter gehen? Für eine Serienentwicklung war die technologische Reife noch nicht weit genug. Es gab auch keine Zulieferindustrie, die, wie bei klassischen Antrieben üblich, viele Aufgaben hätte übernehmen können. In der Entwicklungsorganisation fehlten Fachleute für die vielen Themen, die für einen Brennstoffzellen-Antrieb relevant sind. Die Idee war daher, ein sogenanntes Projekthaus Brennstoffzelle zu schaffen. In diesem Projekthaus sollten alle Mitarbeiter, die für die Entwicklung und Produktion des neuen Antriebes notwendig waren, unter einem Dach zusammenarbeiten. Das betraf sowohl die Entwicklung der Brennstoffzelle, des Systems und des Elektromotors als auch Produktion, Einkauf und Controlling.

Ein Projektleiter sollte für das komplette Thema die Verantwortung übernehmen und dann alles Weitere in die Wege leiten. Dr. Ferdinand Panik, ein erfahrener Manager, hatte einige Jahre bei Mercedes-Benz do Brasil gearbeitet und kam gerade zurück nach Deutschland, um eine neue Aufgabe zu übernehmen. So wurde er zum Jahresbeginn 1997 zum Gesamt-Projektleiter für das Daimler Brennstoffzellen-Fahrzeug ernannt und sollte das neu geschaffene Projekthaus mit all seinen Aktivitäten organisieren.

Eine Begebenheit zu Beginn der neuen Ära „Projekthaus Brennstoffzelle" veranschaulicht sehr schön die Dynamik, mit der alles begann: Ende 1996 tauchten euphorische Pressemeldungen zur Wasserstoffspeicherung mit Kohlenstoff-Nanoröhrchen auf (Rodriguez, Baker 1998). Die beiden Wissenschaftler Rodriguez und Baker aus Boston hatten von unglaublich hohen Speicherkapazitäten für Wasserstoff in ihren Kohlenstoff-Nanomaterialien berichtet. Das hätte einen großen Einfluss auf unsere Kraftstoffstrategie gehabt, falls sich die Aussagen bewahrheiten sollten. Gleich zum Jahresbeginn 1997 und als eine der ersten Aktionen hatte der Projektleiter die beiden Wissenschaftler nach Stuttgart eingeladen. Sie sollten uns über ihre Ergebnisse berichten. Diese hörten sich erstmal interessant an. Für mich gab es allerdings eine Reihe von Unklarheiten und ich stellte kritische Fragen. Die wurden schnell zur Seite geschoben und ebenso schnell entstand ein erstes Forschungsprojekt im Projekthaus Brennstoffzelle. Die Aktivitäten der beiden Wissenschaftler wurden unterstützt, um mehr Speichermaterial zu bekommen. Dieses sollte dann in Stuttgart auf seine Speicherfähigkeit für Wasserstoff überprüft werden. Im Laufe des Jahres gab es regelmäßig Fortschrittsberichte zu den Messungen. Trotz vieler Anstrengungen gelang es jedoch nicht, die ursprünglich gemeldeten Werte zu reproduzieren und so schnell wie das Interesse an dieser Technologie geweckt war, so schnell ließ es wieder nach. Denn alle Messwerte lagen im Bereich dessen, was bereits vorher von anderen Speichermaterialien bekannt war – und das war meilenweit weg von dem, was für einen Einsatz im Fahrzeug notwendig gewesen wäre.

Viele deutsche Forschungseinrichtungen sprangen zu dieser Zeit auf das Thema auf und versuchten ebenfalls neue, vielversprechende Wasserstoff-Speichermaterialien zu finden. Die Suche nach einem geeigneten Material, das im Fahrzeug sinnvoll anwendbar ist, sollte bis heute, trotz großer Anstrengungen, erfolglos bleiben. Dazu gehören auch die flüssigen Wasserstoffspeicher, als LOHC (Liquid Organic Hydrogen Carriers) bezeichnet. Im Euro-Quebec Hydro-Hydrogen Pilot Project wurden sie schon Anfang der 1990er Jahre für den Überseetransport von Wasserstoff, der mit kostengünstigem Strom in Kanada produziert werden sollte, erstmals untersucht. Für die Speicherung von

Wasserstoff an Bord eines Fahrzeuges sind diese LOHC-Verbindungen nicht geeignet. Die Temperaturen zur Freisetzung des Wasserstoffs sind im Fahrzeug nur sehr aufwendig und auch nicht in der nötigen Dynamik realisierbar. Eine möglichst ganzheitliche Analyse von Technologien, die auf den ersten Blick attraktiv erscheinen, ist unerlässlich, um deren wirklichen Vorteile bewerten zu können.

Vom Messfehler zur Schlagzeile
1966 nach dem Grundstudium an der TU Dresden musste ich mich für das Diplomfach zwischen Anorganischer, Organischer, Technischer oder Physikalischer Chemie entscheiden. Das war nicht so einfach. Den Ausschlag für die Physikalische Chemie gab die Entwicklung eines 3 kW-Brennstoff-zellen-Gabelstaplers durch die TU Dresden mit der Berliner Akkumulatoren- und Elemente Fabrik (BAE) an der Außenstelle der TU Dresden in Pirna-Copitz (siehe Abb. 1.1).

Das System mit einer Leistung von drei Kilowatt basierte auf einer Direkt-Hydrazin-Luft-Brennstoffzelle:

$$1/4N_2H_4 + 1/4O_2 => 1/4N_2 + 1/2H_2O \ (E_0 = 1{,}61 \ V)$$

Später wurde Hydrazin als karzinogen eingestuft und nur noch wenige Entwicklungen (z. B. Daihatsu mit Hydrazin-Hydrat) waren zu beobachten. Damals war das aber für mich als junger Student eine Sensation. Man gab eine Flüssigkeit (Hydrazin) in den Tank und elektrische Energie zum Antrieb eines Gabelstaplers kam heraus.

Wenn ich jetzt zurückblicke, ist für mich die Faszination des Arbeitsprinzips einer Brennstoffzelle immer noch ungebrochen. Ich ziehe auch meinen Hut vor dieser Entwicklung im Jahr 1966, denn die DDR hatte sicherlich um diese Zeit ganz andere Aufgaben zu lösen. Dass die TU Dresden diese Entwicklung dennoch vorantrieb und damit die Traditionen des ersten deutschen, im Jahr 1900 gegründeten Instituts für Elektrochemie weiter pflegte, geht nicht zuletzt auf meinen Doktorvater Prof. Dr. Kurt Schwabe (Rektor der Technischen Universität Dresden, Vizepräsidenten der Akademie der Wissenschaften der DDR, Vize-präsident der International Society of Electrochemistry) zurück.

Die Forschung zu Brennstoffzellen hat mich seitdem in meinem beruflichen Leben immer begleitet. So auch ab 1991 am Zentrum für Sonnenenergie- und Wasserstoff-Forschung (ZSW) in Ulm, das sich besonders der PEM-Brennstoff-zelle als System widmete, d. h., Stack inklusive der Wasserstoff-Versorgung. Stand der Technik für die Wasserstoff- Bereitstellung waren 200 bar Drucktanks mit einer Energiedichte von etwa 1,5 Gewichtsprozent Wasserstoff. Als dann die Arbeitsgruppe von Nelly M. Rodriguez (Northeastern University Boston)

64 Gewichtsprozent in Graphit-Nanofasern fand (Rodriguez, Baker, 1998), schien die Wasserstoffspeicherung ein für alle Male gelöst zu sein.

Weltweit erfuhr die Forschung zur Wasserstoff-Speicherung in Nano-Kohlenstoffmaterialien einen gewaltigen Schub. Aber keiner Arbeitsgruppe gelang es, den Wert von 64 Gewichtsprozent nur annähernd zu reproduzieren. Jedoch konnten wir im Rahmen eines extra für diese hochbrisante Thematik formierten Förderprojektes an einer von Projektpartnern entwickelten noch sehr kleinen Kohlenstoffprobe ca. 12 Gewichtsprozent messen, also wesentlich mehr als den Stand-der-Technik. Minuten nach dem ich diese Nachricht erhielt, gab ich einem Reporter ein lang geplantes Interview zur Arbeitsweise von Brennstoffzellen für eine Kindersendung im Radio. Am Ende des Interviews fragte mich der Reporter, was es denn so Neues im Bereich der Energiespeicherung gebe. Noch überwältigt von der sensationellen Messung berichtete ich darüber – und das Unglück nahm seinen Lauf: Der Reporter stellte diese Information in das Internet. Uns erreichten dazu hunderte von Anfragen von Kollegen weltweit und auch eine Mail vom Projektleiter, der mich auf die Vertraulichkeitsvereinbarung des Projektes hinwies. Das alles wäre kein besonderes Problem gewesen, hätte dann die Nachmessung mit einer größeren Kohlenstoffmenge, die die untere Probengrenze des Messgerätes nun gerade überschritt, die ursprüngliche Messung bestätigt. Wir fanden aber nur noch 1,2 % Gewichtsprozent und das auch in den darauffolgenden Messungen. Meine Kollegen meinten, ich wäre mehr als eine Woche sehr verstört durch das Institut gelaufen.

Zwei Konsequenzen aus der Episode: Messe bei überraschenden Messergebnissen nach und sei vorsichtig im Umgang mit Journalisten.

Prof. Dr. Jürgen Garche hat viele Jahre an der TU Dresden geforscht und gehörte ab 1991 zu den ersten Mitarbeitern des ZSW in Ulm, das er später als Vorstand leitete. An der Bündelung der Brennstoffzellen-Aktivitäten auf nationaler, europäischer und internationaler Ebene war er maßgeblich beteiligt.

Um die Entwicklungsarbeiten zielgerichtet weiter voranzutreiben, war es eine der ersten Aufgaben des Projekthauses, das angestrebte Ziel-Fahrzeug und die wichtigsten Schnittstellen wie Einbauraum oder Spannungsniveau für den E-Antrieb festzulegen. Als Zielfahrzeug war von den Kollegen aus dem Fahrzeugbereich schon seit geraumer Zeit die damals neu in den Markt eingeführte A-Klasse vorgeschlagen worden. Aufgrund der hohen Sitzposition entstand unter dem Fahrgastbereich so etwas wie ein doppelter Boden, 250 mm (Siehe auch 2.1). Dort sollte die Batterie für batterie-elektrische Antriebe oder eben auch die Brennstoffzelle untergebracht werden.

Für batterie-elektrische Antriebe wurde aufgrund der geringen Speicherdichte der Batterien richtigerweise der Fokus auf ein kleines, leichtes (Stadt-) Fahrzeug gelegt.

Abb. 2.1 Die A-Klasse von Mercedes-Benz wurde 1997 als Zielfahrzeug für den Brennstoffzellen-Antrieb festgelegt. Necar3 mit Methanol als Kraftstoff war das erste Brennstoffzellen-Fahrzeug in der Kompaktklasse

Bis zu dieser Zeit gab es nur Bleibatterien. Diese waren schwer und ihre Lebensdauer von maximal 1000 Ladezyklen war nicht ausreichend. Lithium-Ionen-Batterien gab es damals nur für die Unterhaltungselektronik.

Die Brennstoffzelle hat große Vorteile in allen Fahrzeugen, die viel Energie speichern müssen. Das heißt, je schwerer das Fahrzeug ist und je größer die geforderte tägliche Reichweite, desto attraktiver ist die Brennstoffzelle im Vergleich zur Batterie. Das liegt an der relativ hohen Energiedichte von Wasserstoff oder Methanol, unserem damaligen Favoriten. Unsere Analyse, dass wir beispielsweise eine S-Klasse mit Brennstoff-zellen-Antrieb mit einem Verbrauch von 3 l Dieseläquivalent realisieren könnten, fand kein Gehör. Eine fundierte inhaltliche Diskussion zum Fahrzeug war aufgrund einer konservativ hierarchischen Organisation nicht möglich. Mit dem Mercedes GLC F-Cell gab es 20 Jahre später ein Fahrzeug in einer ähnlichen Kategorie wie die S-Klasse. Es hat einen Verbrauch von 3 l Diesel-Äquivalent!

Trotzdem halten sich deutsche Hersteller von Premium-Limousinen bei der Markt-einführung von Brennstoffzellen-Antrieben zurück und versuchen stattdessen, mit Tesla mitzuhalten. Sie setzen lieber 600 kg schwere Batterien in ihren Fahrzeugen ein, wo zur gleichen Zeit die Brennstoffzelle inklusive der Tanks nur noch 250 kg auf die Waage bringt. Erst in jüngster Zeit gibt es Anzeichen des Umdenkens bei einigen von ihnen.

In der Automobilindustrie ist es üblich, innovative Technologien zuerst in der Premiumklasse anzubieten. Dort kann man die hohen Kosten für Innovationen im frühen Markt-Stadium leichter erwirtschaften. Am liebsten hätten wir Brennstoffzellen-Leute schon 1997 ein eigens für die Brennstoffzelle konstruiertes Fahrzeug (Purpose Design) entwickelt, wie es dann 2020 von asiatischen Herstellern tatsächlich realisiert wurde. Die extrem hohen Kosten dieses Ansatzes beendeten allerdings die Diskussion in dieser noch frühen Phase der Entwicklung.

Harte Anforderungen an die Brennstoffzelle

Für die Auslegung der Brennstoffzelle waren neben der Leistung das Spannungsniveau und der Einbauraum die entscheidenden Paramater. Die Brutto-Brennstoffzellen-Leistung (ohne Abzug der Nebenverbraucher wie Luftkompressor) wurde mit 80 kW berechnet. Dieser Wert ergibt sich primär aus dem Fahrzeuggewicht, der geforderten Beschleunigung und der maximalen Leistung, die nach damaligem und heutigem Selbstverständnis der Fahrzeugentwickler gleichzeitig auch Dauerleistung war. Eine Hybridisierung mit einer großen Batterie (Range-Extender) war aus diesem Grund kein Thema: sollte nach einer längeren, energiefressenden Fahrt die Batterie leer sein, dann könnte das Fahrzeug nicht mehr richtig beschleunigen – ein „K.O.-Kriterium" zu dieser Zeit. Auch gab es damals eben nur die sehr schweren Bleibatterien. Aus der geforderten Spannung von 250 V bei Volllast und maximal 450 V im Leerlauf ergab sich somit die Anzahl der Zellen. Da eine einzelne Zelle eine Spannung zwischen 0,65 V (Volllast) und etwas mehr als 1 V (Leerlauf) liefert, waren mehr als 400 Zellen erforderlich, wenn man eine langsame Degradation der Zellspannung über die geforderte Lebensdauer mitberücksichtigt. Unter dem vorgegebenen Einbauraum, nämlich im oben genannten Doppelboden, war diese Forderung sehr anspruchsvoll und mit dem damaligen Stand der Technik nur schwer realisierbar. Die Brennstoffzellen-Experten hätten gerne eine niedrigere Stack-Spannung angestrebt. Das hätte eine geringere Anzahl an Zellen zur Folge gehabt und wäre für die Optimierung der Baugröße der Brennstoffzelle sehr hilfreich gewesen. Für E-Motor und Leistungselektronik war ein Spannungsniveau von minimal 250 V definiert und ein Spannungswandler (DC/DC-Steller) zum Hochsetzen der Spannung war damals keine Option. So waren die Brennstoffzellen-Entwickler erneut gefordert, die dafür notwendigen 420 Zellen im Bauraum unterzubringen (siehe Abb. 2.3 zur Konfiguration der Brennstoffzelle in der A-Klasse). Heutige Fahrzeuge haben inzwischen eine niedrigere Zahl an Zellen und damit auch eine niedrigere Stack-Spannung. Sie verwenden einen DC/DC-Steller, um auf die erforderliche System-spannung zu kommen. Das erwies sich in der Gesamtoptimierung als der bessere Ansatz.

Die hohen Anforderungen an den Brennstoffzellen-Stack sollten eine interessante technologische Konsequenz haben. Das Merkmal der frühen Ballard Technologie waren die serpentinenförmig angeordneten Gaskanäle in der Bipolarplatte (siehe Abb. 1.4). Damit konnte die Länge des für die Luft- bzw. Wasserstoffversorgung benötigten Strömungskanals so vergrößert werden, dass der Druckabfall zwischen Einlass und Auslass ausreichend hoch war, um die Wassertropfen (die bei der Reaktion entstehen) aus dem Kanal heraus zu spülen. Dies ermöglicht eine stabile, homogene Versorgung der Elektroden mit Luft und Wasserstoff. In den Lebensdaueruntersuchungen stellten wir allerdings fest, dass im Bereich der Umlenkungen (Richtungsänderung im serpentinen-artigen Verlauf) die Membran zur Lochbildung neigte. Um dieses Phänomen der Loch-bildung besser zu verstehen, hatte unser exzellenter, kanadischer Chef-Entwickler für die Brennstoffzelle, eine sehr lange Zelle (ca. 800 mm) konstruiert. Damit konnte er gerade, schmale Gaskanäle, die den gleichen Druckabfall wie die serpentinenförmig angeordneten Kanäle hatten, realisieren. Er wollte den Reaktionsverlauf entlang des Kanals untersuchen. In den ersten Experimenten stellte sich heraus, dass die Leistung dieser Zelle um fast 10 % besser war als die bisherige mit den serpentinenförmigen Kanälen. Diese 10 % höhere Leistung waren genau das, was uns fehlte, um den Anforderungen an den Einbauraum gerecht zu werden. Dieses „straight cell design" hatten wir dann weiter optimiert. Es ist auch zwanzig Jahre später noch das bevorzugte Design für Hochleistungsbrennstoffzellen (Abb. 1.4).

Eine kleine Anekdote soll veranschaulichen, wie anspruchsvoll die Anforderungen – typisch für Mercedes – an den Brennstoffzellen-Antrieb damals schon waren: Die Brennstoffzelle sollte den Gefrierkaltstart – das bedeutet von $-20°C$ im Stillstand auf 80 % der maximalen Leistung – in weniger als einer Minute leisten können. Es war ein sehr kalter Februartag, als wir Versuche zum Gefrierkaltstart durchführten und nach einiger Zeit auch erfolgreich schafften. Abends verließ ich mein Büro und ging zu meinem Fahrzeug, einer modernen E-Klasse mit Benzinmotor, um noch zum Abendessen zu fahren. Die Temperaturanzeige im Fahrzeug zeigte $-15°C$ an. So, jetzt wollen wir mal sehen, wie der Gefrierkaltstart bei der etablierten und über einhundert Jahre optimierten Technologie funktioniert. Nach dem Verlassen des Parkplatzes – die erste Betriebsminute war schon lange vorbei – drückte ich das Gaspedal voll durch – und was passierte? Nichts. Mit Mühe erreichte ich eine Geschwindigkeit von 50 km/h und die Leistung des Motors ließ sich nur ganz langsam erhöhen. Da wurde mir plötzlich klar, dass die Fahrzeugentwickler, die, wie man gerne sagt „Benzin im Blut" haben, uns mit vielleicht unüberlegten Extremforderungen das Leben schwer machten und wenig Flexibilität zeigten, der Konkurrentin Brennstoffzelle zum Erfolg zu verhelfen.

Einige Zeit danach sprach ich den für die Strategie des Daimler Projekthauses Brennstoffzelle verantwortlichen Kollegen auf diese extremen Mercedes Anforderungen an und schlug ihm vor, für die erste Generation doch Fahrzeuge von Chrysler zu verwenden. Da sind die Ansprüche nicht so fordernd. Die Antwort war sehr lehrreich: Das geht überhaupt nicht, die Brennstoffzelle steht für High-Tech und muss deshalb unbedingt unter dem Mercedes-Stern stattfinden! Schade.

Zu dieser Zeit brachte Toyota sein erstes Hybridfahrzeug, den Prius, auf den Markt. Kurz danach hatten Fahrzeugexperten analysiert, dass ein Diesel sehr viel sparsamer sei als ein Hybrid, vor allem auf deutschen Autobahnen. Zudem verkaufte Toyota diese Hybrid-Fahrzeuge deutlich unter den Kosten, also mit Verlust. Auch so etwas war damals in unserem Umfeld völlig undenkbar. 20 Jahre später: Toyota ist mit mehr als 15 Mio. verkaufter Hybridfahrzeuge der unangefochtene Marktführer, während die deutschen Hersteller erst sehr spät, gezwungen durch die Gesetzgebung zu den CO_2-Flottenemissionen, das Thema aufgegriffen haben.

Wie viele Brennstoffzellen-Autos wollen wir produzieren?
Welche Rolle fiel den Kollegen aus dem Produktionsbereich im Projekthaus Brennstoffzelle zu? Die für die Produktion verantwortliche Organisationseinheit spielt in jedem Automobilkonzern eine ganz entscheidende Rolle, denn dort wird das Geld für den Konzern verdient. Für die Brennstoffzelle waren zu dieser Zeit zwei Themen aus dem Produktionsbereich von Bedeutung: Produktionsplanung und Produktionsforschung.

Wer Leute aus dem Produktionsbereich kennt, weiß dass diese eine Eigenschaft gemeinsam haben: Hartnäckigkeit. So auch unser Produktionsexperte im Projekthaus Brennstoffzelle. In unseren Regelbesprechungen forderte er mehrmals Planzahlen für die angedachten Produktionsstückzahlen ein. Ohne diese Zahlen könne er keine Fertigungsmaschinen planen, keine Kostenanalysen durchführen und keine Lieferantengespräche führen. Wir, die Mitglieder des Projekthauses, waren mit diesem, zugegeben nachvollziehbaren Wunsch vollkommen überfordert. Denn wir steckten noch ganz tief in unseren Entwicklungsthemen und hatten uns zum Markt und zur Markteinführung bislang wenig Gedanken gemacht. Der Vertrieb konnte auch nichts dazu sagen – es gab ja noch keinen Markt für Brennstoffzellen-Fahrzeuge. Der Kollege blieb aber so lange hartnäckig, bis der Projektleiter ganz spontan und aus dem Bauch heraus ein paar Zahlen an die Tafel schrieb: 2004 30.000, 2005 70.000 und 2006 100.000 Fahrzeuge. Das sollte einfach mal eine erste, interne Annahme sein, damit die Produktionsspezialisten ihre Arbeit aufnehmen konnten, was sie auch taten und das hatte Konsequenzen. Nachdem die Produktionsplaner auch mit Lieferanten geredet hatten, waren die Zahlen bald nicht mehr nur intern, sondern verbreiteten sich schnell weltweit. Gleichzeitig führte das zu einer unglaublich hohen Erwartungshaltung, obwohl es keine solide Basis für die genannten Stückzahlen gab. Viele Jahre später kam immer wieder der Vorwurf auf, dass wir die Welt mit diesen Zahlen in die Irre geführt hätten. Sie waren jedoch nur als Kalkulationsgrundlage gedacht.

Interessant sollte auch die Zusammenarbeit mit der Produktionsforschung werden. Dieser Bereich spielt traditionell eine sehr wichtige Rolle für die Optimierung der Produktionsprozesse von Bauteilen und Aggregaten. Durch die Entwicklung neuer Herstellverfahren, oft verbunden mit neuen Werkstoffen, wurden enorme Kostensenkungen möglich und die Prozesse in Bezug auf Qualität und Durchsatz optimiert. Mit der Gründung des Projekthauses sollten sich die Mitarbeiter aus diesem Bereich auch für die Brennstoffzelle begeistern und mit großem Engagement auch bei unserem Partner in Vancouver mitarbeiten. Während wir Brennstoffzellen-Entwickler noch alle Hände voll zu tun hatten, um Leistung und Lebensdauer zu optimieren, hatten sich die Kollegen aus der Produktionsforschung vorgenommen, die Kosten der noch sehr teuren Brennstoffzelle deutlich zu reduzieren.

Dazu eine sehr lehrreiche Anekdote: Die Elektroden einer Brennstoffzelle werden aus einem etwa 0,2 mm dicken Papier aus Grafitfasern hergestellt. Dieses recht brüchige Papier wurde damals in einzelnen Blättern aus Japan angeliefert und musste dann in mehreren Prozessschritten zu einer funktionsfähigen Elektrode weiterverarbeitet werden – ein sehr aufwendiger, zeitraubender Prozess. Ideal wäre natürlich ein kontinuierlicher Prozess von Rolle zu Rolle. Das war aber mit dem bestehenden Material nicht möglich. Was machten die Kollegen aus der Produktionsforschung? Sie suchten sich ein neues Elektrodenmaterial, das aus gewobenen Kohlenstofffasern bestand, als Rollenware geliefert wurde und kontinuierlich in einer Maschine weiterverarbeitet werden konnte. Allerdings führten die Kollegen diese Entwicklung ohne Abstimmung mit den Brennstoffzellen-Experten durch. Selbst hatten sie erst wenig Erfahrung zu den Details einer Brennstoffzelle gesammelt. Sie investierten sehr viel Zeit und Geld in ihren Ansatz. Eines Tages war es dann so weit, dass eine Managemententscheidung notwendig war, welche Technologie weiterverfolgt werden soll: die mit dem Kohlenstoffgewebe und der kontinuierlichen Fertigung oder die mit dem Kohlenstoffpapier und aufwendigeren Fertigung. In der Besprechung machte ich dann sehr deutlich, dass ich auf absehbare Zeit keine Möglichkeit sehe, auf Basis des Gewebes eine Zelle mit den geforderten Eigenschaften realisieren zu können. Das Gewebe ist nicht formstabil, was unter anderem zum Blockieren der Gaskanäle führt. Damit war das sehr teure Abenteuer der Produktionsforscher mit ihrem eigenen Design wieder beendet.

Ähnliches sollte ich später auch bei den Lithium-Ionen-Batterien erleben. Wenn die wirklich exzellenten Produktionsexperten aus der Automobilindustrie sich eine, oberflächlich betrachtet, sehr simpel aussehende Batteriezelle (oder Brennstoffzelle) anschauen und diese gedanklich mit einem extrem komplexen Getriebe oder Verbrennungsmotor vergleichen, fragen sie sich, wo denn da das Problem einer kostengünstigen Serienfertigung sein soll? Lassen sie sich dann auf das neue Thema ein, kommt oft erst nach Jahren und hohen Investitionen die ernüchternde Erkenntnis, dass es doch nicht so einfach ist, eine gute Zelle zu fertigen. Gelingt es aber, die Experten aus den verschiedenen Disziplinen eng und offen zusammen arbeiten zu lassen, dann lassen sich hervorragende Ergebnisse erzielen. Beides habe ich sowohl bei der Brennstoffzelle als auch der Batterie erlebt.

Was kostet ein Brennstoffzellen-Antrieb? (Im Vergleich zum Verbrennungsmotor)

Das war natürlich die drängendste Frage, sobald die Funktionalität erfolgreich aufgezeigt war. Ein in Handarbeit hergestellter Prototyp kostet immer ein Vermögen und zwar vollkommen unabhängig von der jeweiligen Technologie. Auch die Produktion einer Flotte von z. B. 100 Fahrzeugen ist immer noch extrem teuer. Dies wird besonders deutlich, wenn es keine Zulieferindustrie für neue Baugruppen wie etwa eine Brennstoffzelle gibt. Wie sieht es dann für große Stückzahlen aus, wie sie bei den Verbrennungsmotoren üblich sind? Hier kommen die Experten aus der Produktionsplanung zum Einsatz. Ein für mich bleibendes Erlebnis war, mit einem dieser Experten alle wesentlichen Bauteile eines Brennstoffzellen-Antriebes durchzudiskutieren. Wir erklärtem ihm die Funktionalität und die Anforderungen des jeweiligen Bauteiles. In kürzester Zeit konnte er auf Basis seiner jahrzehntelangen Erfahrung mit ähnlichen Bauteilen aus dem Verbrennungsmotor die Kosten für eine Fertigung in großen Stückzahlen recht zuverlässig und genau abschätzen. Das Ergebnis: Bei vergleichbaren Stückzahlen sind die Kosten eines Brennstoffzellen-Antriebs vergleichbar mit denjenigen eines klassischen Verbrennungsmotors.

Viele detaillierte Analysen, auch von anderen Organisationen, sollten das in den folgenden Jahren immer wieder bestätigen. Eine fundamentale und sehr hilfreiche Analyse wurde von der Boston Consulting Group (BCG 1968) vor mehr als 50 Jahren Jahren durchgeführt. Sie untersuchten die Kostenentwicklung von Industriegütern, die über lange Zeiträume und viele Produktgenerationen hergestellt wurden. Dabei zeigte sich – und zwar ganz unabhängig von der Technologie –, dass sich die Herstellkosten bei einer Verdopplung der Stückzahl auf 70–80 % der ursprünglichen Kosten reduzieren. Diese als „Boston Experience Curve" bezeichneten Zusammenhänge werden in der Diskussion über Kosten einer neuen Technologie leider sehr häufig vergessen. Ein anderes Dilemma aber bleibt immer: Wie lässt sich das Erreichen der hohen Stückzahlen und der damit verbundenen niedrigen Stückkosten finanzieren? Dabei geht es besonders bei einem Fahrzeugantrieb um sehr viele Jahre und viele Milliarden Euro, bis die Kosten niedrig und wettbewerbsfähig sind. Angesichts jährlicher Gewinne im Bereich von zig Milliarden sollte das kein Problem sein – wenn da nicht die verflixte Rendite wäre, die als Gradmesser der Managementleistung gilt. Wenn die Geschäfte aber im

Zusammenhang mit einem Technologiewechsel beginnen, schlechter zu laufen, ist das notwendige Kapital für solche Basisinnovationen deutlich schwerer aufzubringen.

Eine neue Organisation und ihre Folgen

Mit der Etablierung des Projekthauses Brennstoffzelle mussten zunächst auch einige ganz fundamentale, organisatorische Fragen geklärt werden: Wo wird das Projekthaus seinen Standort haben? Führen wir die Kooperation mit Ballard fort und in welcher Konstellation? Wer aus dem bisherigen Brennstoffzellen-Team wird ins Projekthaus wechseln und wer wird in der alten Organisation der Forschung bleiben?

Zum Start der Aktivitäten Anfang 1997 bezog das Kernteam des Projekthauses ein Großraumbüro in einem Verwaltungsgebäude in Esslingen. Mein Chef und ich waren als Vertreter der Brennstoffzelle Mitglieder dieses Kernteams. Meistens hielten wir uns allerdings bei unseren Teams in Immenstaad, Ulm oder Vancouver auf. Der Vertreter der Produktion im Projekthaus bekam den Auftrag, einen Standort für alle Entwicklungs- aktivitäten zum Brennstoffzellen-Fahrzeug zu suchen, denn es sollte alles unter einem Dach stattfinden. Das Standortthema ist generell sehr emotional, da viele der betroffenen Mitarbeiter entweder mit ihren Familien umziehen müssen oder sie pendeln an den neuen Arbeitsplatz und kommen nur noch zum Wochenende nach Hause. Die Kollegen von Dornier bevorzugten natürlich einen Standort in der Nähe von Immenstaad, die aus dem Forschungszentrum in Ulm wollten einen Standort in Ulm haben und die Stuttgarter Kollegen wollten im Großraum Stuttgart bleiben. Zwei Dinge sollten die Entscheidung beeinflussen: die Mehrzahl der Mitglieder des Kernteams des Projekthauses kamen aus der Region Stuttgart und die Verfügbarkeit von geeigneten, verfügbaren Industrie- immobilien war recht begrenzt. Als mit Abstand attraktivster Standort stellte sich ein Industriepark in dem kleinen Ort Nabern heraus. Er liegt am Fuße des Albaufstieges, mit der Burg Teck im Süden und wenige Kilometer außerhalb der Stadt Kirchheim/ Teck, nur 40 km von Stuttgart entfernt. Die Gebäude waren nach dem zweiten Weltkrieg von Ludwig Bölkow, dem langjährigen Chef des Luft-, Raumfahrt und Militärtechnik- Konzerns MBB (Messerschmitt-Bölkow-Blohm), für die Produktion von Schreib- maschinen errichtet worden. Erst viele Jahre später durfte MBB wieder Flugzeuge und Militärtechnik entwickeln und herstellen. Zuletzt wurden in den Gebäuden des Industrie- parks in Nabern Lenkflugwaffen produziert. Nach dem Ende des kalten Krieges musste die DASA, die 1989 die MBB übernommen hatte, ihre Aktivitäten konsolidieren und gab den Standort in Nabern auf. Jetzt, im Jahr 1997, standen viele attraktive Flächen leer. Die Stadt Kirchheim/Teck zeigte ein sehr hohes Engagement, um neue Arbeits- plätze in der Region zu schaffen. So entstand der Standort für die Daimler Brennstoff- zellen-Entwicklung in Nabern, ganz nach dem Motto „Schwerter zu Brennstoffzellen", wie wir den Besuchern gerne die Historie erklärten. Zu Beginn des Jahres 1998 sollten wir dort einziehen. Eine schmerzhafte Entscheidung für alle Kollegen, die vom Boden- see kamen. Denn die Fahrt nach Nabern war mit eineinhalb Stunden zu lang für ein täg- liches Pendeln. Von Ulm aus dauerte die Fahrt auf der A8 etwa 30 min. Der Wechsel in die neue Organisation in Nabern war für alle Mitarbeiter freiwillig. Trotz der Möglichkeit zum Home-Office war die neue Situation für die ehemaligen Dornier-Mitarbeiter eine Zäsur – aber fast alle Kollegen waren von der Vision Brennstoffzelle getrieben und wechselten mit nach Nabern.

Ein interessantes Phänomen konnte ich kurz nach dem Einzug meines Teams in Nabern, das für die Entwicklung der Brennstoffzelle verantwortlich war, beobachten. Ein Teil der Kollegen kam aus Immenstaad und der andere aus Ulm. Zwischen den beiden Standorten mit Daimler in Ulm und Dornier in Immenstaad hatten sich im Lauf der letzten Jahre doch einige Animositäten entwickelt. Doch sobald sich die Kollegen wieder unter einem Dach und in einer Organisation befanden, nämlich der neu gegründeten Ballard Power Systems GmbH, herrschte ein perfekter Teamgeist mit einer tollen Arbeitsatmosphäre. Für mich persönlich war das ebenfalls eine sehr positive Erfahrung. Als Geschäftsführer durfte ich die Organisation von Null an aufbauen und es gelang, ein sehr harmonisch, effizient und motiviert zusammenarbeitendes Team zu gestalten, das bis 2002 auf etwa 70 Mitarbeiter angewachsen war. Bis heute habe ich diese Organisation in bester Erinnerung und der Kontakt zu vielen Kollegen ist bis heute sehr gut.

In den ersten Jahren herrschte bei allen beteiligten Organisationen eine großartige Aufbruchsstimmung. Alle, egal ob sie an der Brennstoffzelle, dem System oder dem Fahrzeug arbeiteten, waren mit Begeisterung dabei und wollten das Produkt der Zukunft mitgestalten. Sehr schön zu erkennen war dies, wenn wieder einmal eine Nachtschicht gefordert war. Nachdem die Brennstoffzelle in den Medien so präsent war, konnten wir uns vor hochrangigen Besuchen kaum retten. Alle wollten natürlich mit einem der Brennstoffzellen-Fahrzeuge fahren. Das waren allesamt Entwicklungsfahrzeuge, an denen Versuche durchgeführt wurden und die auch noch nicht die Reife eines Serienfahrzeuges hatten. Häufig ging dann am Abend vor dem geplanten Besuch irgendetwas kaputt. Ohne sich mit ihren Chefs abzustimmen, legten die Mitarbeiter aus den verschiedenen Teams einfach noch eine Nachtschicht ein, um das Fahrzeug für den nächsten Tag wieder flott zu machen. Eine Ladung Pizzas aus der nahegelegenen Pizzeria, war das Einzige, worauf die Kollegen bestanden. Sie waren einfach nur stolz auf ihre Technologie und ihre Arbeit.

Von der Kooperation zur strategischen Beteiligung

Wie sollte nun die Kooperation mit Ballard weitergehen? Seit Ende 1991 hatten wir gut zusammengearbeitet und technologisch einiges bewegt. Im Prinzip konnte Daimler die Entwicklung der Brennstoffzelle auch alleine weiter vorantreiben. Doch aus unserer Sicht sprachen zwei Punkte für die Fortführung der Kooperation. Ballard konnte perspektivisch auch andere Automobilhersteller beliefern und damit die Zahl der produzierten Brennstoffzellen schnell nach oben und damit die Kosten nach unten treiben. Ein Fahrzeughersteller alleine würde nicht schnell genug in die Kostendegression kommen. Ein weiteres, sehr wichtiges Argument war der interne Kampf der verschiedenen Antriebstechnologien um die Entwicklungsbudgets des Konzerns. Bei einer rein internen Entwicklung war die Gefahr groß, dass die Brennstoffzelle von der mächtigen Benzin- oder Dieselfraktion in die Ecke gedrängt wurde.

Ballard war seit 1993 an der Börse notiert und hatte seitdem schon einiges an Wert dazugewonnen. 1992 hätte Daimler 50 % von Ballard noch für 30 Mio. DM erhalten können. 1997 betrug die Marktkapitalisierung bereits etwa 800 Mio. Can $. Auch die Zusammenarbeit von Ballard mit anderen Automobilfirmen und die Aktivitäten zu den stationären Stromerzeugungsaggregaten – zu dieser Zeit waren AEG und MTU Teil des Daimler Konzerns – konnten ein wichtiges Thema für die Kooperationsverhandlungen werden.

So gingen wir Anfang 2017 in die erste Verhandlungsrunde und trafen uns in einem wunderschön am Meer gelegenen Ressort südlich von Vancouver, kurz nach der Grenze auf US-amerikanischer Seite.

Nachdem es noch keine Vorüberlegungen zur weiteren Kooperation gab, waren zu Beginn der Gespräche alle Optionen von einer kompletten Übernahme bis zu getrennten Wegen der beiden Firmen auf dem Tisch. Ballard machte in den Gesprächen sehr schnell deutlich, dass die Brennstoffzelle (Stack) das Kerngeschäft der Firma war und sie die Kontrolle darüber behalten wollten. Nachdem Daimler über die letzten Jahre sehr viel Geld in die Entwicklung der Brennstoffzelle gesteckt und ebenfalls großes Know-how dazu aufgebaut hatte, bot Ballard an, diese Aktivitäten zu übernehmen und mit Geschäftsanteilen an der Firma Ballard zu kompensieren. Auf der anderen Seite hatte Ballard mit der Entwicklung der Busse für Chicago auch Erfahrungen zur Systemtechnik gemacht und würde seine Aktivitäten in ein Joint Venture mit Daimler einbringen.

Diese Konzeption wurde dann zügig konkretisiert (Wall Street 1997). Daimler sollte sich mit etwa 150 Mio. Can $ in bar und etwa 50 Mio. an Vermögenswerten (das entsprach unseren bisherigen Aufwendungen) beteiligen. So wurde mein Brennstoffzellen-Team in Deutschland zur Ballard Power Systems GmbH, einer 100 %igen Tochter der kanadischen Firma. Gleichzeitig entstand das Joint Venture dbb (abgeleitet von Daimler-Benz Ballard – später in Xcellsys umbenannt). Dieses Joint Venture sollte zu 67 % Daimler und 33 % Ballard gehören. Die Aktivitäten zu den Fahrzeugsystemen in Vancouver wurden in eine Tochterfirma der dbb überführt. Damit war der Grundstein für die strategische Zusammenarbeit gelegt, die im April 1997 in einem Memorandum of Understanding – also einer Absichtserklärung – vereinbart und der Öffentlichkeit präsentiert wurde.

Leider war diese neue Struktur auch der Grundstein für viele Probleme, die uns erst später so richtig bewusst werden sollten. Sowohl die Abstimmung der technischen Schnittstellen als auch die Verfolgung einer gemeinsamen Strategie sollte sich als große Herausforderung erweisen.

Die Beteiligung von Daimler an Ballard wirkte sich nicht nur erheblich auf den Börsenkurs von Ballard und das Selbstbewusstsein der Manager aus, die von den Aktienoptionen enorm profitierten. Auch die Euphorie zur Brennstoffzelle im Auto nahm weltweit an Fahrt auf. Viele Automobilfirmen waren an einer Kooperation mit Ballard interessiert.

Dazu eine interessante und folgenreiche Anekdote: Im August 1997 trafen wir uns zur finalen Abstimmung des Kooperationsvertrages in einem wiederum sehr schönen, nördlich von San Diego, direkt am Pazifik-Strand gelegenen Ressort. Zu Beginn der Verhandlung erfuhren wir, dass Ford eine attraktive Entwicklungskooperation mit Ballard starten wollte. Obwohl das in die Gesamtkonzeption passte, wollte Ballard dieses Thema zunächst nicht weiterverfolgen. Erst sollte der Vertrag mit Daimler zur Unterschrift gebracht werden.

Ein knappes Jahr später wurde dann klar, dass der Ballard-CEO damals schon Größeres im Sinn hatte. Ford sollte sich 1998 mit 500 Mio. US $ an den Aktivitäten von Ballard und Daimler beteiligen. Eine neue, noch kompliziertere Beteiligungsstruktur war entstanden. Doch so schön die Beteiligung von Ford an den Daimler- und Ballard-Aktivitäten zunächst für die Außenwelt klang: Uns war klar, dass damit die interne Zusammenarbeit nochmals deutlich komplexer werden würde.

Dazu einige eindrückliche Beispiele: Mit der Integration von Ford in die Brennstoffzellen-Allianz begannen auch die technischen Abstimmungen mit Ford. Brennstoffzelle und System sollten für Ford und Daimler gleich sein, die Fahrzeuge aber nicht. Wir hatten die Entwicklung der Brennstoffzelle jedoch bereits auf die Daimler A-Klasse abgestimmt. Der Stack musste zwischen die beiden Längsholme in den doppelten Boden unterhalb der Sitze passen. Damit waren die Abmessungen vorgegeben und die entsprechende Entwicklung der Brennstoffzelle- in vollem Gange. Jetzt stellte sich heraus, dass das mit dem geplanten Einbauraum des Ford-Fahrzeuges nicht zusammenpasste. Die Ingenieure von Daimler, Ford und Ballard waren also gefordert eine gemeinsame Lösung zu finden. Es ging um ganze 10 mm. Diese Abstimmung dauerte trotz massiven Einsatzes der beteiligten Kollegen ganze drei Monate!

Abstimmung wird immer schwieriger

Technologisch ist die Brennstoffzelle sehr eng mit dem dazugehörigen Brennstoffzellen-System verknüpft. Beispielsweise hängen Leistung und Lebensdauer sehr stark von der Befeuchtung der Reaktionsgase (Luft und Wasserstoff) ab. Auch die Dynamik der Luftversorgung über einen elektrisch angetriebenen Kompressor hat einen großen Einfluss auf Leistung und Alterung der Brennstoffzelle. Mit der Aufteilung der Themen auf zwei Firmen entstand schnell ein Lieferanten-Kunden-Verhältnis mit Schnittstellen-Spezifikationen, die in diesem frühen Entwicklungsstadium eines Produktes nur schwer und mit größtem Aufwand zu bestimmen waren. Im Fall von ausgereiften Technologien, wie einem Verbrennungsmotor mit vielen Normen und Standards und einer etablierten Zulieferindustrie, ist ein solches unternehmerisches Modell natürlich kein Hindernis.

Dazu zwei beispielhafte Anekdoten: Anfang 1999 war Necar4 – eine A-Klasse mit Wasserstoff und Brennstoffzelle – bei sehr kaltem Wetter am Flughafen in München im Einsatz. Nach einigen Tagen problemlosen Betriebes erhielt ich den erbosten Anruf eines Kollegen der Fahrzeugerprobung, unsere Brennstoffzelle würde nicht mehr funktionieren: „Die bringt nur noch 50 % der geforderten Leistung". Nachdem ich so einen starken Leistungseinbruch noch nie erlebt hatte, ließ ich die Brennstoffzelle ausbauen und auf unserem Teststand überprüfen. Tatsächlich war die Leistung sehr schlecht, verbesserte sich aber von Minute zu Minute und erreichte bald wieder das geforderte, ursprüngliche Leistungsniveau. Die Testingenieure stellten fest, dass die Brennstoffzelle stark mit Öl kontaminiert war und das machte den Leistungseinbruch nachvollziehbar. Das Öl kam aus dem Luftkompressor, bei dem eine Dichtung defekt war und die Elektroden mit einem dichten Film blockierte. Aber zunächst einmal war der Lieferant der Brennstoffzelle schuld. Solche

Vorgänge schürten natürlich Emotionen. Außerdem behinderten sie die eigentlich notwendigen, gemeinsamen Anstrengungen für das herausfordernde Ziel.

Ein anderes sehr lehrreiches Beispiel ereignete sich etwa zwei Jahre später: Im November 2000 hatten Daimler Chef Schrempp und Bundeskanzler Schröder vor einer eindrucksvollen Kulisse am Potsdamer Platz die A-Klasse mit der Methanol-Brennstoffzelle (Necar5) der Weltöffentlichkeit präsentiert. Das Fahrzeug war aufgrund vielfältiger technischer Probleme mit einjähriger Verzögerung fertig geworden. Vor allem gab es immer wieder Schwierigkeiten mit dem stabilen Betrieb der Brennstoffzelle. Mit viel Aufwand hinter den Kulissen gelang dann die Premiere vor Hunderten von Gästen trotzdem sehr eindrucksvoll.

Die weltweite Strategie zum Kraftstoff lief zu diesem Zeitpunkt schon sehr stark in Richtung Wasserstoff, während Methanol bereits eine Zeitlang unter Beschuss stand. Trotzdem gelang es einem kleinen Team überzeugter Verfechter des Methanol-Brennstoffzellen-Antriebes im Jahr 2001 nochmals eine verbesserte Version des Necar5 aufzubauen und in einem Fahrzeug zu erproben. Wieder gab es die gleichen Probleme mit dem stabilen Betrieb. Es kam laufend zu ungeplanten Abschaltungen des Systems. Der verantwortliche Projektleiter für das Fahrzeug sprach mich eines Tages frustriert an, ob ich denn nicht helfen könnte, eine Lösung für das Problem zu finden. Ich organisierte mit ihm und einigen der erfahrensten Ingenieure aus meinem Team eine Besprechung. Alle sollten ganz offen die Probleme schildern und Lösungsansätze aufzeigen. Schnell wurde klar, dass die Bedingungen, unter welchen die Brennstoffzelle betrieben wurde, sehr grenzwertig waren. Es wurde viel Feuchtigkeit über die Luftbefeuchter in die Brennstoffzelle eingetragen. Vom Methanol-Reformer kam der Wasserstoff ebenfalls stark befeuchtet in der Brennstoffzelle an. Gemeinsam mit dem in der Zelle produzierten Wasser war das zu viel des Guten. Die Elektroden wurden mit Wasser geflutet und das blockierte den so wichtigen Gastransport an die Reaktionszone, den Katalysator. Ein starker Spannungseinbruch, der zur Abschaltung des Systems führte, war die Folge. Ich skizzierte stark vereinfacht die Schnittstellen zur Brennstoffzelle auf das Whiteboard im Besprechungszimmer. Wir waren uns schnell einig, dass das so gar nicht funktionieren kann. Gemeinsam definierten wir geringfügig veränderte Parameter, die einen stabilen Betrieb ermöglichen sollten. „Dann stellt doch gleich die neuen Paramater im Steuergerät ein", schlussfolgerte ich. Die Antwort war ernüchternd: das ginge nicht, die Parameter lägen außerhalb der offiziell vereinbarten Spezifikation und man könne nicht die Verantwortung für eine mögliche Schädigung der Brennstoffzelle übernehmen. Nachdem ich den Kollegen versicherte, dass ich die volle Verantwortung übernähme, schritten sie zur Tat. Zehn Minuten später waren die Parameter geändert und das System lief stabil und ohne Abschalten. Kurz danach sollte das Fahrzeug problemlos einen Wochenendtour über 1111 km durch Kalifornien absolvieren, und im Frühsommer 2002 dann auch noch problemlos die USA durchqueren – von San Franzisco bis Washington DC mit mehr als 5000 km Abb. 2.2).

Ein zweistündiges, inoffizielles und sehr offenes Meeting konnte also ein Problem lösen, an dem sich viele Verantwortliche über zwei Jahre in offiziellen Abstimmungen aufgerieben hatten. Aufgrund der hohen Anforderungen an die Lebensdauer der Brennstoffzelle, waren die Parameter zu weit auf die sichere Seite geschoben worden, doch die Folgen hatte niemand überschaut. Die Kommunikation war zwischen den vielen beteiligten Managern zur Brennstoffzelle auf der einen Seite und zum System auf der anderen Seite schon längst viel zu emotional und schwierig geworden.

Abb. 2.2 Necar5 bei der Durchquerung der USA 2002 – Bild Quelle Daimler AG, alle Rechte vorbehalten

Wie Aufbruchsstimmung und Ingenieursgeist eine gemeinsame Vision tragen

Als junge Mitarbeiterin kam ich mit ein wenig Berufserfahrung aus einem anderen Umfeld als Projektleiterin zur Ballard Power Systems GmbH. Ich war begeistert von dem Geist, der in Nabern und in Vancouver herrschte – es gab das große verbindende Ziel, die Brennstoffzelle auf die Straße zu bringen! So durfte ich früh in meiner beruflichen Laufbahn erleben, wovon heute so viele Management-Bücher schwärmen: ein gemeinsamer „Purpose" und eine Menschen-zugewandte Kultur, die auf Vertrauen und Wertschätzung basiert, tragen meilenweit!

Der Beitrag eines Jeden war in dem 1998 noch recht kleinen Team relevant. Hierarchien spielten zumindest in unserer Wahrnehmung kaum eine Rolle. So war ich auf Dienstreise in Vancouver und *der* Ballard-Entwickler der ersten Stunde – ein Unikum frei von jeglicher Konvention – feierte seine Hochzeit in Blumenshorts in seinem Garten mit einer unbeschreiblich großen Kühltruhe frischer Langusten. Es stand außer Frage, dass auch ich Teil der Familie sei, spontan unbedingt dazu kommen müsse, mir eine schöne Languste aussuchen sollte und so einen grandiosen Tag mit dem Team hatte. Da waren die vielen Nachtschichten völlig irrelevant, es trug der gemeinsame Geist.

Auch in Nabern war diese Atmosphäre auf Arbeitsebene das tragende Element. Offene Fragestellungen wurden zwischen den Ingenieuren für Stack und System am Tischkicker – 1998 noch eine Besonderheit in deutschen Unternehmen – gelöst, und die Idee des geräuschlosen und emissionsfreien Fahrens hat unseren Alltag bestimmt. Das galt in den euphorischen Anfangsjahren ganz besonders, hielt aber auch, als die Zusammenarbeit in oberen Hierarchie-Ebenen immer komplexer wurde. Ich schätzte mich glücklich, Mitglied des kleinen Teams zu sein, wo wir zwar den Kopf über die Langsamkeit unserer großen Partner schüttelten, uns jedoch transparent genug kommuniziert wurde, warum das eine oder andere nun wieder kompliziert geworden war.

Im Jahr 2000 koordinierte ich seitens Ballard die Schnittstelle der zentralen Entwicklung in Vancouver mit den dbb/NuCellSys-System-Kollegen in Nabern. Die Präsentation des Necar5 mit Kanzler Schröder in Berlin am Potsdamer Platz war schon lange geplant, doch einige technische Themen rund um Brennstoff-zellen-Stack und -System widersetzten sich jeder Lösung. Die Stimmung wurde zunehmend gereizt, und gegenseitige Schuldzuweisungen der Projektpartner waren an der Tagesordnung. Eine der großen Herausforderungen in der Entwicklung der Hochleistungs-Brennstoffzelle war die Dichtungstechnologie. Sehr filigrane Dichtungen mit einer Länge von Kilometern über die vielen Zellen eines Stacks hinweg mussten eine komplexe Funktion erfüllen. So kam es, dass der Brenn-stoffzellen-Stack über Wochen Undichtigkeiten zeigte. Die für das System ver-antwortlichen Ingenieure waren zusehends genervt. Schlussendlich schenkte mir der Projektleiter von dbb/Nucellsys eine symbolische Baby-Windel, die hinter den Kulissen sogar demonstrativ mit nach Berlin fuhr und mir immer wieder vor die Nase gehalten wurde. Heute würde ich mir womöglich Gedanken darüber machen, ob das wohl politisch korrekt sei – im damaligen Kontext war es Humor, der es auf den Punkt brachte: die Produkte waren unsere anspruchsvollen Babys. Die Präsentation mit Kanzler Schröder und Daimler Vorstand Schrempp verlief dann ohne Probleme, die Brennstoffzelle hielt dicht – und wir feierten alle gemeinsam einen großen Erfolg!

Die Diplom-Physikerin *Bettina Drehmann* war bei Ballard für verschiedene Projektleitungsaufgaben in der Produkt-Entwicklung tätig, gründete 2006 mit zwei Kollegen aus den Ballard-Jahren ein eigenes Unternehmen im Bereich der Brennstoffzellen-Systeme für stationäre Anwendungen und setzt heute viele ihrer Erkenntnisse zur Firmenkultur als Personalleiterin und professioneller Business Coach um.

Starke kulturelle Unterschiede und viele Standorte

Ballard Power Systems war zu dieser Zeit ein typisches High-Tech Start-Up-Unternehmen. Kreative Köpfe der ersten Stunde hatten eine hervorragende Techno-logie aus der Taufe gehoben. Wie immer fehlte aber das Geld. Die beiden Profis in Marketing und Finanzierung Firoz Rasul als CEO und Mossadiq Umedaly als CFO schafften es, diese Technologie weltweit attraktiv zu positionieren und damit für viel Geld von der Börse und von strategischen Partnern zu sorgen. Damit einher ging ein unglaublich schnelles, für die Entwicklung einer neuen Organisation zu schnelles Wachstum. Der Einfluss traditioneller Automobilkonzerne, die dann auch im Aufsichtsrat saßen, war enorm. Dort hatten sie durchgesetzt, erfahrene Manager aus verschiedenen Großkonzernen in wichtige Management-Positionen des Start-Up-Unternehmens zu bringen, um die aus ihrer Sicht notwendige Professionalität zu schaffen. Diese Manager hatten aber weder Erfahrung mit der Technologie, noch wie man die wichtigen und richtigen Prozesse in so ein junges Unternehmen einführt. In ihren bisherigen Firmen hatten sie mit jahrzehntelang etablierten Prozessen gearbeitet. Wie aber so ein Prozess wie z. B. Qualitätsmanagement etabliert wird und wie man eine Organisation weiterentwickelt, hatten sie nie gelernt. Diese Fehleinschätzung führte zu häufigen Wechseln im Management, verbunden mit entsprechend vielen internen Problemen.

Bevor die Turbulenzen nach der Jahrtausendwende immer größer wurden, hatte mir die Arbeit über viele Jahre sehr viel Spaß gemacht. Es herrschte eine unglaubliche Aufbruchsstimmung und jeder Mitarbeiter war mit Kreativität und vollem Elan dabei. In Vancouver arbeiteten Kollegen aus 35 Nationen hervorragend zusammen und sorgten für eine abwechslungsreiche und dynamische Atmosphäre. In meiner Rolle als Geschäftsführer der deutschen Tochter suchte ich immer den Kontakt zu allen Bereichen des Start-Up-Unternehmens und lernte dabei viel über Marketing und Vertrieb, Investor Relations, Controlling und Finanzen oder die Zusammenarbeit mit Lieferanten aus der ganzen Welt. Viele und sehr gute Strategie-Workshops, meistens in der traumhaften Kulisse von Whistler, sollten die Weiterentwicklung der Organisation unterstützen. Auch die persönliche Weiterbildung der Mitarbeiter hatte einen sehr hohen Stellenwert. Ein eindrucksvolles Beispiel war die Schulung „Persuasive Edge" (überzeugend präsentieren) mit Myles Martel, der einige Zeit für Präsident Ronald Reagan als Berater gearbeitet hatte.

Daimler war zu dieser Zeit ein traditionsreicher, in Stuttgart verwurzelter Konzern. Es war noch nicht lange her, dass die Premium-Fahrzeuge in einer langen Warteliste an die Kunden vergeben wurden und nicht wirklich vermarktet werden mussten. Image und Marke waren und sind bis heute enorm stark. Der Vorstandsvorsitzende Schrempp hatte zu dieser Zeit (1998) durch die Verschmelzung mit Chrysler versucht, daraus einen weltweit agierenden Automobilkonzern zu schaffen. Dieser Versuch sollte, unter anderem aufgrund der großen kulturellen Unterschiede zwischen Detroit und Stuttgart, ziemlich schief gehen. Interessant war, dass durch die Verschmelzung auch die neuen Kollegen aus Detroit zum Mitglied der Allianz mit Ford und Ballard wurden. Diese hatten zwar Zugang zu allen Informationen, es gelang aber nie, das Brennstoffzellen-Team von Chrysler richtig in unsere Aktivitäten zu integrieren. Als dann eine Führungsperson der Brennstoffzellen-Aktivtäten des jüngsten Partners überraschend und mit all den strategischen Informationen zum Konkurrenten General Motors (GM) wechselte, war die Aufregung groß.

1998 trat der uramerikanische Konzern Ford der Allianz bei, der von den Enkeln des Erfinders der Fließbandfertigung, die ab 1908 überhaupt erst die Massenmotorisierung ermöglichte, geführt wurde. So viele unterschiedliche Denkweisen oder Kulturen sollten erfolgreich zusammenarbeiten, dafür sind wir Menschen offenbar nicht geschaffen.

Ich denke oft über das erste technische Meeting mit den neuen Kollegen von Ford in Nabern nach. Wir hatten uns gegenseitig über den aktuellen Stand der Entwicklung in den jeweiligen Firmen informiert. Schnell wurde mir aber klar, dass die Abstimmungsprozesse wieder von vorn losgehen und enorm kompliziert werden sollten. Ohne es mir richtig bewusst zu machen, begann ich in dieser Zeit, mich aus den internationalen Abstimmungen der Allianz zurückzuziehen. Gleichzeitig sollte ich aber noch mehr Zeit in Vancouver verbringen. Neben der Führung der GmbH in Nabern wurde mir auch noch die Verantwortung für die Entwicklung der Zelle in Vancouver übertragen. Einmal pro Monat nach Vancouver fliegen wurde zur Routine. Am Montagmorgen ging es gemütlich nach dem Frühstück von zu Hause weg. Nach 11 h Flug, auf dem ich in Ruhe alle E-Mails abarbeiten konnte, kam ich mit einer Zeitverschiebung von 9 h nachmittags um etwa 16 Uhr bei den kanadischen Kollegen in Vancouver an. Nach einem kurzen Austausch im Büro ging es dann mit ein paar Freunden gleich ins Crazy Kangoroo, einem gemütlichen Neighbourhood Pub in der Nähe. Dort ließen wir unseren Ideen zur Weiterentwicklung der Technologie freien Lauf. Und am Donnerstagnachmittag flog ich wieder zurück nach Deutschland, um rechtzeitig zum Wochenende wieder bei der Familie zu sein.

Das Joint Venture Xcellsys hatte jetzt Tochterunternehmen in Vancouver und San Diego, die sich um die Wasserstoff-Antriebe für Stadtbusse und PKW kümmerten. Die Kollegen dort hatten mit ihrem vollkommen anderen kulturellen Hintergrund auch eine andere Vorgehensweise, die häufig zu Missverständnissen und Reibungen mit der Mutter in Kirchheim/Teck führte. Was für das Verständnis der damaligen Gegebenheiten wichtig ist: eine Führung der verschiedenen Standorte nach reinen Finanzzahlen, wie es in etablierten Geschäften üblich ist, war nicht möglich. Alle beteiligten Organisationen waren komplett auf die Entwicklung ihrer Produkte für einen Markt, den es noch nicht gab, fokussiert.

Mit der Gründung der Brennstoffzellen-Allianz ging die Verantwortung für die Brennstoffzelle auf Ballard über. Einzige Ausnahme waren Forschungsaktivitäten. Daimler hatte im Gegenzug eine Beteiligung an Ballard erhalten. Die Brennstoffzelle war seit langem ein wichtiger Bestandteil der Daimler-Forschung. Das Thema ganz aufzugeben, wäre sehr schmerzlich gewesen. Die Absicht, trotz der Übertragung der Aktivitäten auf Ballard, das Thema bei Daimler weiter zu bearbeiten, führte zu langen Diskussionen bei der Vertragsverhandlung. Am Schluss gab es eine vernünftige juristische Lösung. Nur die konkrete Abstimmung über die Vorgehensweise in der Praxis wurde nicht definiert. Das führte dann regelmäßig zu unnötigen Diskussionen und Verunsicherung im Management. Das Verhältnis zwischen den beiden Firmen sollte auch über die nächsten 20 Jahre sehr abwechslungsreich bleiben.

Von der Konkurrenz in der Autoindustrie und vom Ende des Methanols als Kraftstoff

Eine grundsätzliche Schwierigkeit entstand aus der vertraglichen Regelung, dass die Brennstoffzelle (Stack) Kernkompetenz und Produkt von Ballard wurde. Mit der Brennstoffzelle allein kann aber kaum ein Kunde etwas anfangen. Zum Betrieb wird ein System gebraucht, das Luft, Wasserstoff und Kühlung in der richtigen Menge zur Verfügung stellt. Dieses Zusammenspiel ist alles andere als trivial. Dafür bedarf es großen Detailwissens über Brennstoffzellen, das nur sehr wenige Firmen haben. Der Kunde konnte natürlich ein komplettes Brennstoffzellen-System bei Xcellsys kaufen. Nur war Xcellsys durch Daimler kontrolliert, in der Regel ein Konkurrent zu potentiellen Kunden aus der Fahrzeugindustrie. Um dieses Dilemma zu umgehen, hatte die Allianz eine eigene Organisation (Ballard Automotive) geschaffen, die Marketing und Vertrieb für die komplette Allianz durchführen sollte. Der Vertriebsexperte Andre Martin kam damit 1998 an Bord und wurde Verantwortlicher für diesen neuen Bereich.

Zwei Geschichten aus seinem Umfeld haben sich bei mir sehr nachdrücklich eingeprägt und sollten viel Einfluss auf das weitere Geschehen rund um die Brennstoffzelle haben. GM/Opel war damals ebenfalls sehr intensiv in der Entwicklung der Brennstoffzelle engagiert und hatte sich auch für Methanol als Kraftstoff entschieden. Deren Plan war, spätestens 2004 mit der Methanol-Brennstoffzelle auf den Markt zu gehen. 1999 besuchte eine sehr hochrangige GM/Opel-Delegation die Xcellsys in Nabern, um sich die aktuellen Entwicklungen zum Methanol-Reformer mit all seinen Komponenten und Technologien anzusehen. Das Team hatte mit inzwischen fast 100 Mitarbeitern unglaublich gute Fortschritte gemacht, weit über das hinaus, was im ersten Demonstrator Necar3 präsentiert worden war. Die Experten und Manager von GM/Opel waren begeistert von der Xcellsys-Technologie und Andre Martin erwartete nach vielen vorangegangenen Gesprächen eine große strategische Vereinbarung mit GM/Opel. Doch nichts passierte – niemand meldete sich zurück. Nach drei Monaten konnten wir dann in der Presse lesen, dass GM das Thema Methanol nicht weiterverfolgen würde und sich auf Benzin als Kraftstoff für die Brennstoffzelle fokussieren wollte.

Für alle, die sich mit den Details einer Wasserstofferzeugung aus Kohlenwasserstoffen auskennen, war das ein völlig falscher Ansatz. Benzin in Wasserstoff umwandeln kann man in einer Raffinerie, nicht aber in einem Fahrzeug. Abgesehen davon, dass der Wirkungsgrad unglaublich schlecht wird und es sich um keinen nachhaltigen Kraftstoff handelt. Vermutlich hatte das GM Management eine strategische Abhängigkeit von Daimler befürchtet und damit begonnen, die Daimler Strategie öffentlich zu bekämpfen und damit den Entwicklungsvorsprung zunichtezumachen.

Eine ähnliche Geschichte ereignete sich mit Volkswagen. Auch dessen Brennstoffzellen-Team hatte sich stark für Methanol interessiert und war im engen Austausch mit den Kollegen der Ballard Automotive und der Xcellsys in Nabern. Im Frühjahr 1999 erschien die für uns sehr überraschende Pressemeldung, dass VW Methanol als Kraftstoff nicht weiterverfolgt und stattdessen auf Benzin für die Brennstoffzellen-Fahrzeuge setzt. Ein Anruf bei den Kollegen von VW führte zur kompletten Verwirrung. Die hatten es ebenfalls aus der Presse erfahren und mussten auch erst verstehen, was da im Konzern passiert war. Eine mögliche Erklärung kam dann von ganz anderer Seite. Ballard-CEO Rasul war kurz vorher zum Weltwirtschaftsforum nach Davos eingeladen worden. Gemeinsam mit vielen Vorständen der Automobilkonzerne hatte er dort das Thema Brennstoffzellen-Antrieb diskutiert. Er schaffte es, mit seinem Vortrag die Zuhörer so richtig zu begeistern. Das förderte natürlich auch den Wettstreit zwischen den Automobilkonzernen um die technologische Führerschaft und diesen kann man auf vielfältige Weise gestalten.

Große strategische „Spielchen" fanden nicht nur in der Automobilindustrie, sondern auch in anderen Branchen statt und werden oft erst sehr viel später bekannt. Wir hatten in unseren ersten Überlegungen 1990 analysiert, dass der flüssige Kraftstoff Methanol am einfachsten synthetisch hergestellt und auch wieder sehr einfach in seine Bestandteile Wasserstoff und CO_2 gespalten werden kann. In vielen Automobilkonzernen gab es ähnliche Überlegungen. Zur damaligen Zeit standen Schadstoffemissionen wie Stickoxid oder Partikel weit mehr im Vordergrund als das Klimagas CO_2, das heute die Diskussion dominiert. Eine favorisierte Herstellung von Methanol konnte in unseren Augen an den Erdölbohrlöchern stattfinden. Das als Nebenprodukt mit dem Erdöl geförderte Erdgas wurde meistens abgefackelt, da ein Abtransport viel zu aufwendig war. Statt das Erd-gas einfach sinnlos zu verbrennen, könnte man es relativ einfach vor Ort in das flüssige Methanol umwandeln und damit Brennstoffzellen-Fahrzeuge betreiben. Wenn man nur 10 % des abgefackelten Erdgases in Methanol umwandeln würde, könnte man damit 9,5 Mio. Brennstoffzellen-Fahrzeuge betreiben, so berichtete das American Methanol Institut zu dieser Zeit in einer lesenswerten Studie „The Promise of Methanol Fuel Cell Vehicles" (AMI 1999).

Im Projekthaus Brennstoffzelle wurde damals ein Kollege damit beauftragt, sich mit der Mineralölindustrie über den Aufbau einer Infrastruktur für das Tanken von Methanol abzustimmen. Viele namhafte Firmen der Branche zeigten sich kooperativ. Über viele Jahre gab es Analysen, Studien und unzählige Treffen. Konkrete Umsetzungsschritte der Mineralölindustrie folgten aber nie. Wie sich langsam herausstellte, wollte diese Branche die Diskussion verfolgen, hatte jedoch kein wirkliches Interesse an Methanol. Das bestehende Geschäft mit Erdöl lief hervorragend und es gab keinen wirklichen Grund für diese Industrie, das bestehende Geschäftsmodell aufs Spiel zu setzen.

Ein weiteres, interessantes Ereignis spielte sich in Kalifornien ab. Kalifornien war mit seiner Zero-Emission-Vehicle-Gesetzgebung (ZEV) 1990 der Auslöser für die intensive Entwicklung emissionsfreier Antriebe gewesen. Daraus entstand eine enge Zusammen-arbeit der Akteure mit dem California Air Resources Board (CARB), das für die Gesetz-gebung verantwortlich war. Viele der Fahrzeug-Demonstrationen fanden deshalb in Kalifornien statt. In Sacramento gab es sogar ein von der Automobilindustrie gemeinsam betriebenes Wartungszentrum für die Brennstoffzellen-Fahrzeuge. Da Kalifornien der erste Markt sein sollte, fand dort auch die Konzeptentwicklung für die Betankungsinfra-struktur statt. Ein leicht nachvollziehbares Ergebnis der ersten Analysen war, dass der finanzielle Aufwand für die Errichtung einer Methanol-Zapfsäule um Größenordnungen niedriger war, als der für eine Wasserstoff-Tankstelle.

Im Jahr 2000 tauchten in den USA vermehrt Pressemeldungen über die tödliche Gefahr von MTBE (Methyl-Tertiär-Butyl-Ether) (MTBE, Wikipedia) auf. Was war passiert? Bei einigen der alten Tankstellen in Kalifornien waren die Lagertanks für Benzin durchgerostet und das Benzin in das Grundwasser gelangt. Benzin enthält seit der Einführung des 3-Wege-Katalysators das Additiv MTBE, um das Klopfen des Motors zu verhindern. Vor der Einführung des Abgaskatalysators 1975 wurde dafür das sehr viel giftigere Tetraethylblei verwendet. Auch MTBE ist sehr giftig und wurde nach den oben genannten Vorfällen im Trinkwasser nachgewiesen. MTBE wird aus Methanol hergestellt und ist das wichtigste Geschäft der Methanol-Industrie. MTBE ist aber eine ganz andere chemische Verbindung als Methanol. Trotzdem kam in diesem Zusammen-hang auch Methanol immer mehr in Verruf und eine differenzierte Betrachtung war in der breiten Öffentlichkeit nicht mehr möglich.

In Folge der vielen Negativberichte zu Methanol gingen immer mehr Automobil-firmen dazu über, auf Wasserstoff als Kraftstoff zu setzen, weil es der vermeintlich einfachere Weg war. Die kurz aufgeflammte Idee, Benzin als Kraftstoff für Brennstoff-zellen-Fahrzeuge zu verwenden, wurde schnell wieder fallen gelassen, weil es technisch

Abb. 2.3 Brennstoffzellen-System (linkes Bild) mit dem Mark 900 Stack von Ballard, wie es 2003 im Unterbodenbereich der F-Cell Flotte (A-Klasse, rechtes Bild) eingebaut wurde; Bild Quelle: Daimler AG, alle Rechte vorbehalten

nicht sinnvoll umsetzbar ist. Nachdem Firmen wie Honda, Nissan, GM und andere sehr euphorische Meldungen zum Markteintritt (2002/2003) mit Wasserstoff verkündeten, war auch die Allianz gezwungen ihre Strategie zu überdenken.

So wurde 2000 beschlossen, eine erste Fahrzeugflotte mit Wasserstoff auf Basis der A-Klasse von Mercedes und dem Ford-Focus ab 2002 auf die Straße zu bringen (siehe Abb. 2.3). Parallel dazu stieg auch das Interesse an Stadtbussen. Schon ein Jahr später sollten 36 Busse für neun europäische Städte, sowie für Reykjavik, Peking und Perth gebaut werden (siehe auch Abb. 3.3).

Der strategische Schwenk hin zu Wasserstoff und zu den ersten Kleinserien stellte die Entwicklungsteams enorm unter Druck. Der Betrieb mit reinem Wasserstoff, statt mit der Mischung aus Wasserstoff und CO_2, die aus dem Methanol-Reformer kommt, hatte viele Änderungen in Bauteilen, Sub-Systemen und Betriebsbedingungen zur Folge. Gleichzeitig mussten in sehr kurzer Zeit alle Themen angegangen werden, die für eine Kleinserie in Kundenhand plötzlich enorm wichtig wurden. Die Alltagstauglichkeit manifestiert sich in vielen Details, angefangen von einem schnellen Start der Brennstoffzellen, über den robusten Betrieb für alle typischen Wetter- und Einsatzbedingungen bis hin zur Lebensdauer über viele Jahre. Auch die Herstellung in Handarbeit war dafür selbstverständlich nicht die beste Lösung. Teilautomatisierte Prozesse mussten schnell entwickelt werden. Qualitätsmanagement stand plötzlich über alle Bereiche im Vordergrund. Wir alle mussten viel dazu lernen. Eine Übertragung des Knowhows aus der Entwicklung und Fertigung von Verbrennungsmotoren funktionierte aufgrund der Verschiedenartigkeit der Prozesse und Materialien nicht so einfach und eine reife Zulieferindustrie gab es ebenfalls nicht.

Eine kleine Geschichte dazu bringt das sehr schön auf den Punkt: Ich bekam die Gelegenheit, das Motorenprüffeld von Mercedes zu besuchen. Dort finden die Abnahmetests für die Motoren statt, bevor sie für die Serienproduktion freigegeben werden. Der Leiter des Prüffeldes erklärte uns, dass der Motor einen definierten Prüfzyklus durchlaufen muss, der etwa 800 h dauert. Wenn der Motor diesen Zyklus unbeschadet übersteht, kann man sicher sein, dass dieser im Alltag auch zwanzig

Jahre durchhält. So einen Prüfzyklus wollte ich natürlich für meine Brennstoffzellen auch haben. Auf meine Frage, wie denn so ein Prüfzyklus definiert wird, erhielt ich die Antwort: dahinter stecken 100 Jahre Erfahrung auf der Straße!

Da war mir klar, dass die Entwicklung eines beschleunigten Lebensdauertests sehr viel Zeit benötigt und die Übertragung der Prozesse einer etablierten Technologie auf eine komplett neue Technologie nicht so einfach möglich ist. Infolgedessen muss die Markteinführungsstrategie disruptiver Innovationen in solchen Anwendungen auch ganz anders verlaufen. Viele asiatische Unternehmen haben das verstanden und die dazu passende Strategie entwickelt.

Medien und Politik

Das mediale Interesse war damals schon groß und wurde durch einen jahrelangen öffentlichen Schlagabtausch zwischen den Erzrivalen BMW und Daimler befeuert. BMW setzte auf einen mit Wasserstoff betriebenen Verbrennungsmotor. Das Hauptargument war, dass ein Verbrennungsmotor im Gegensatz zur Brennstoffzelle nicht erst entwickelt werden muss und bereits in großen Stückzahlen produziert wird. Wir sahen dagegen den Wirkungsgradvorteil der Brennstoffzelle als ausschlaggebendes Argument. Der Wirkungsgrad eines Verbrennungsmotors ist nur halb so hoch wie der eines Brennstoffzellen-Antriebs. Versinnbildlicht bedeutet das, die halbe Reichweite mit der gleichen Menge Wasserstoff im Tank. Um das zu kompensieren, setzte BMW auf die Speicherung von Wasserstoff in flüssiger Form bei – 253°C. Die Verflüssigung und Isolierung für die Speicherung und den Transport des Wasserstoffs ist sehr aufwändig. Hinzu kam, sollte das Fahrzeug nach damaligem technischem Stand über einige Tage nicht genutzt werden, musste der langsam verdampfende Wasserstoff über ein Ventil abgelassen werden. Deshalb wurde gerne die erfundene Geschichte vom H_2-BMW-Fahrer erzählt, der sein Fahrzeug am Flughafen parkt und nach zwei Wochen Urlaub bei seiner Rückkehr feststellt, dass der Tank inzwischen leer ist. Das hat sich in vielen Köpfen festgesetzt und selbst nach 20 Jahren kam bei meinen Vorträgen immer wieder dieses Argument gegen Wasserstoff von den Zuhörern. Sie wussten jedoch nicht, dass das nur für Tanks mit flüssigem Wasserstoff gilt. Druckgasspeicher sind vollkommen dicht und haben keine Selbstentladung.

Eine wenig hilfreiche Rolle in den Medien spielte zu dieser Zeit das Umweltbundesamt (UBA). Von dort kamen immer wieder negative Botschaften zu alternativen Antrieben. Zuerst wurden Batterie-fahrzeuge aus dem Rügen-Projekt kritisiert (Spiegel 47/1996, Rügen-Projekt) und dann die Brennstoffzellen-Fahrzeuge. In einem eintägigen Workshop tauschten viele Akteure aus Forschung, Politik und Industrie die gegensätzlichen Argumente zur Brennstoffzelle mit den Vertretern des UBA aus, welche bei ihrer Meinung blieben, die da lautete: nur Brennstoffzellen für die stationäre Stromversorgung seien sinnvoll. Für das Auto lehnten sie die Brennstoffzelle kategorisch ab (FAZ 10.10.2000, UBA).

Kurz nach diesen Ereignissen präsentierten wir die erste A-Klasse mit Wasserstoff/Brennstoffzelle (Necar4) der Öffentlichkeit. Die ARD drehte einen schönen Bericht zum Fahrzeug. Voller Begeisterung sah ich mir die Reportage in der Tagesschau um 20 Uhr an. Es war ein toller Beitrag, doch dann kam der Nachspann. Ein Interview mit dem Verantwortlichen für Fahrzeuge am UBA.

Er machte vernichtende Äußerungen zum Brennstoffzellen-Antrieb. Meine Stimmung war wieder auf dem Nullpunkt und die Öffentlichkeit war nachhaltig verunsichert. Bis heute hält diese Verunsicherung durch viele und immer wieder erneuerte widersprüchliche Botschaften zu alternativen Antrieben an und lähmt damit den Fortschritt.

Roman Herzog, der damals Bundespräsident war, wollte die Innovationskraft deutscher Unternehmen stärken und vergab einmal im Jahr sehr medienwirksam den hochdotierten Innovationspreis an die erfolgreichsten Akteure. Im Jahr 1998 wurden wir mit unserem Brennstoffzellen-Fahrzeug für diesen Preis nominiert. Wir, das waren Dr. Günther Dietrich (verantwortlich für die Entwicklung des Brennstoffzellen-Systems), Dr. Jürgen Friedrich (verantwortlich für die Entwicklung des Elektro-Antriebs) und ich. Die fünf Finalisten, zu denen wir gehörten, und ihre Themen wurden in Berlin in einer aufwendig produzierten Fernsehschau mit dem Bundespräsidenten und viel Prominenz dem Fernsehpublikum präsentiert. Es war sehr eindrucksvoll das live mitzuerleben. Hinter mir saß Hildegard Knef, vor mir Brad Pitt, zur großen Freude meiner Freunde, die das von zu Hause aus mitverfolgten. Die Brennstoffzelle wurde in der „Gerüchteküche" als klarer Favorit gehandelt. Es hat dann doch nicht geklappt. Ein ostdeutsches Unternehmen durfte den hoch dotierten ersten Preis mit nach Hause nehmen. Für uns war es trotzdem ein einmaliges Erlebnis.

Das große mediale Interesse an der Brennstoffzelle war begleitet von vielen Besuchen hochrangiger Politiker im kleinen Dorf am Trauf der schwäbische Alb. Dazu drei kurze, sehr unterschiedliche Beispiele aus der Zeit kurz nach der Jahrtausendwende: Erwin Teufel, der damalige baden-württembergische Ministerpräsident, kam nur in Begleitung seines persönlichen Referenten zu Besuch. Es war noch ein Pressevertreter dabei und passend zu seiner Art verlief der Besuch völlig unspektakulär. Als ich ihm in unseren Labors die Technologie erklären wollte, hörte er gar nicht zu und ging einfach zu den in der Nähe arbeitenden Kollegen und fragte sie, an welcher Hochschule sie denn studiert hatten. Zufällig kamen alle Befragten von Hochschulen aus der Region, was den Ministerpräsidenten natürlich sehr erfreute.
  Der Besuch der Bundestagsfraktion der Grünen kurz danach lief dagegen anders ab. Die gesamte Fraktion kam gemeinsam im Bus und zusammen mit ihr eine hohe Zahl an Journalisten, um der Pressekonferenz beizuwohnen. Mindestens fünf Fernsehteams filmten den Besuch. Alles war ein großes Spektakel und die Medienpräsenz am nächsten Tag entsprechend hoch.
  Wiederum völlig anders ging der Besuch einer etwa 20-köpfigen chinesischen Delegation im Jahr 2000 mit dem Minister für Technologie von statten. Das Mittagessen war geprägt von interessanten Gesprächen über die Technologie und mögliche gemeinsame Aktivitäten. Dr. Panik schlug eine Demonstrationsfahrt mit einem Brennstoffzellen-Fahrzeug von Peking nach Shanghai vor. Einer der Ingenieure gab zu bedenken, dass Wasserstoff in Drucktanks auf chinesischen Straßen nicht zugelassen ist. Darauf antwortete der Minister, dass so ein Thema doch schnell und einfach zu lösen sei! Ich fragte die Runde, warum denn China an Wasserstoff und Brennstoffzellen-Fahrzeugen interessiert sei. Darauf erhielt ich von Professor Wan Gang, der zu dieser Zeit Präsident der Universität von Shanghai und später Minister für Technologie war, eine beeindruckende Antwort. Er ging an ein bereitstehendes Flip Chart und zeichnet eine Grafik zur Entwicklung der Anzahl der Fahrzeuge in China. Er erklärte, dass China im Jahr 2000 dort steht, wo der Westen vor etwa 100 Jahren stand. Die Zahl der Fahrzeuge wird sich in den kommenden Jahrzehnten von etwa fünf Fahrzeugen pro tausend Einwohner auf das westliche Niveau von 500 bis

700 Fahrzeuge erhöhen. Für Erdöl gab China im Jahr 2000 bereits ein Drittel seines Bruttosozialproduktes aus. Gleichzeitig waren die geopolitischen Risiken enorm groß. Die Lösung könnten nur Erneuerbare Energien in Verbindung mit Wasserstoff sein! Das war eine tolle strategische Analyse.

China hat in den darauffolgenden Jahren intensiv analysiert, ob es die Technologie des Verbrennungsmotors überspringen und gleich in die Wasserstofftechnologie investieren soll. Sie kamen jedoch zu dem Schluss, dass für so eine radikale Vorgehensweise noch zu wenig reife Produkte verfügbar waren. So wurde China zunächst zum weltweit größten Hersteller von Fahrzeugen mit Verbrennungsmotoren. Ab etwa 2015 begann man in China zunächst Stadtbusse und anschließend PKW mit Elektroantrieb und Batterien auszurüsten und wurde schließlich zum weltweit größten Hersteller von Lithium-Ionen-Batterien. Ab 2019 ging es im nächsten Schritt mit Vollgas in die Umsetzung der Wasserstofftechnologie.

Brennstoffzellen für den öffentlichen Personennahverkehr
Die aus meiner Sicht attraktivste und naheliegende Anwendung für Brennstoffzellen sind Stadtbusse. Brennstoffzellen-Antriebe haben besonders in großen Fahrzeugen, die sehr viel Energie verbrauchen, einen Vorteil gegenüber den schweren Batterien. Die Betankungsinfrastruktur kann relativ einfach im Busdepot errichtet werden. Ballard hatte schon sehr früh auf Busse gesetzt und auch für Daimler war das ein interessantes Thema. Noch in der Forschung bauten wir 1996 den ersten Stadtbus auf. Nach der öffentlichen Präsentation 1997 war der Bus weltweit zu Demonstrationsfahrten unterwegs: Im Winter bei Schneematsch in Oslo, auf staubigen Pisten in Australien sowie in der dünnen und schmutzigen Luft von Mexiko-Stadt. Der Antrieb lief sehr zuverlässig und die Brennstoffzelle hatte nach den vielen Einsätzen immer noch die gleiche Leistung wie bei der Inbetriebnahme. Aus diesen ersten Erfolgen entstand die Idee eines größeren Feldtests, der dann durch die europäische Union gefördert wurde. Im Projekt CUTE (Clean Urban Transport for Europe) wurden 27 Busse in neun europäischen Städten über mehrere Jahre getestet. Hinzu kamen je drei Busse in Reykjavik, Perth und Peking. Ein besonderes Erlebnis für mich war die Besichtigung der Busfertigung im Werk in Mannheim: Die Brennstoffzellen-Busse waren in die ganz normale Fertigungslinie für Stadtbusse integriert. Die Karosserie unterschied sich nur durch ein zusätzliches Loch für die Durchführung der Rohrleitungen. Für die Integration des Antriebes kam statt des Dieselmotors ein Brennstoffzellen-Aggregat ans Band und wurde dort von speziell geschulten Mitarbeitern eingebaut. Es war unglaublich schön, die Begeisterung der Mitarbeiter am Band zu erleben, die diese neue Technologie montieren durften. Der Xcellsys-Projektleiter hatte ganze Arbeit geleistet. Die Euphorie, mit der er vom ersten Bus 1996 bis zur ersten Serienfertigung dabei war, hatte auf alle seine Kollegen übergegriffen. Die Brennstoffzelle, die in diese Busflotte eingebaut wurde, hatte im Labor im Dauerversuch erst einige hundert Stunden Betriebserfahrung gesammelt. Entsprechend groß waren die Ängste der Vorstände hinsichtlich der Lebensdauer im Alltagseinsatz.

Für das CUTE-Projekt waren drei Jahre Alltagsbetrieb gefordert. Ersatz-Brennstoffzellen wurden zur Sicherheit bereitgestellt und die Kaufleute machten sicherheitshalber Rückstellungen in Höhe von 10 Mio. Dollar. Wie sich dann ab 2003 zeigte, waren die Ängste unberechtigt. Die Busse absolvierten problemlos ihren ganz normalen Betrieb und beförderten emissionsfrei viele Millionen Fahrgäste. Die meisten dieser Busse waren nach sieben Jahren immer noch im Einsatz und viele Städte hätten künftig Brennstoffzellen-Busse kaufen wollen. Doch es lief anders. Für einen Einstieg in die kommerzielle Serienfertigung hätte die Entwicklung der Brennstoffzellen-Antriebe von der Bussparte finanziert werden müssen. Nachdem es aber keine Regelwerke gab, die solche Busse gefordert hätten und damals auch kein Konkurrent in der Lage war, solche Busse zu liefern, blieb alles wie bisher – beim Dieselmotor.

Erst Ende der 2010er Jahre kam Bewegung ins Spiel. Zunächst waren immer mehr Städte aufgrund der Feinstaubbelastung gezwungen, emissionsfreie Stadtbusse zu kaufen und die neue EU-Gesetzgebung forderte eine deutliche Reduzierung der CO_2-Emissionen bis 2030. Dies war eine Chance für chinesische Bushersteller, die in ihrer Heimat schon hunderttausende von Elektrobussen (mit Batterie) im Einsatz hatten, auch den europäischen Markt zu beliefern. Somit wurde es für die deutschen Bushersteller allerhöchste Zeit zu handeln.

Noch eine schöne Anekdote zum Abschluss der Busgeschichte: Als es Anfang 2003 ernst wurde mit der Felderprobung der Busse in den europäischen Städten, suchten wir erfahrene Ingenieure, die bereit waren, die Busse bei den Feldtests technisch zu betreuen. Bestimmte Städte wie London oder Madrid waren heiß begehrt. Für die Betreuung in anderen Städten war auch etwas Überredungskunst erforderlich. Einer meiner Mitarbeiter hatte während der Betreuung der Busse in der neuen Stadt die Liebe seines Lebens kennengelernt und sie dann tatsächlich auch im Brennstoffzellen-Bus geheiratet.

9/11 und das Platzen der Dot-Com-Blase

Anfang September 2001 nahmen wir am Grove Symposium in London teil, einer renommierten internationalen Brennstoffzellen-Konferenz vor historischer Kulisse, direkt neben der Westminster Cathedral. Wir, das Team aus Nabern, hatten angeboten, unseren Brennstoffzellen-Go-Cart für Demo-Fahrten mitzubringen. Ein Student hatte in seiner Diplomarbeit ein Go-Cart mit einem Brennstoffzellen-Antrieb entwickelt. Die Brennstoffzelle mit einer Leistung von 5 KW wurde aus Überresten der Entwicklungsaktivitäten zusammengebaut. Dazu kamen sehr viele Bauteile, die sich der Student aus dem Internet zusammengekauft hatte: ein Elektromotor, ein Luftkompressor, ein kleiner Wasserstofftank und noch einiges mehr. Viele meiner Mitarbeiter waren wie ich am Bodensee zu Hause. Sie hatten unter der Woche am Abend Zeit übrig. Erst am Wochenende ging es wieder zurück zur Familie. Dadurch hatte unser Diplomand tatkräftige Unterstützung von erfahrenen Ingenieuren, die mit Begeisterung am Go-Cart mitarbeiteten. Dann folgten die ersten Fahrten im Betriebsgelände von Nabern. Die unglaublich hohe Dynamik des Antriebes, auch ganz ohne Hybridbatterie, sorgte für qualmende Reifen und sehr viel Spaß. Und diesen Spaß hatten auch die vielen

Teilnehmer des Grove-Symposiums, als sie auf dem Kopfsteinpflaster vor dem Konferenzgebäude richtig durchgeschüttelt wurden.

Am Nachmittag des 11.September fuhr ich mit der S-Bahn zum Flughafen Heathrow, um nach Vancouver zu fliegen. Für die nächsten Tage hatten wir dort umfangreiche Meetings mit Kollegen aus allen Standorten weltweit vereinbart. In der S-Bahn hatten einige gegenübersitzende Gäste auf ihren Handys Nachrichten von einem Flugzeugabsturz gelesen. Am Flughafen konnte ich mich ganz normal für meinen Flug einchecken. In der Lounge liefen dann schon die ersten Bilder von den brennenden Wolkenkratzern in New York auf den Bildschirmen. Es sah schrecklich aus. Gegen 16 Uhr war das Boarding geplant, dass sich dann immer weiter verzögerte, bis der Flug gegen 17 Uhr endgültig abgesagt wurde. Ich rief meine Assistentin in Nabern an, um sie zu fragen, ob sie mich auf einen Flug zurück nach Stuttgart buchen könnte. Sie wollte gerade nach Hause gehen, aber zehn Minuten später rief sie mich zurück. Es hat geklappt, ich habe einen Sitzplatz in der Maschine um 19 Uhr nach Stuttgart. Es sollte die letzte Maschine sein, die für die nächsten Tage noch in Heathrow starten durfte. Um Mitternacht war ich glücklich wieder zu Hause. Die meisten Kollegen hatten weniger Glück. Sie strandeten auf irgendwelchen Flughäfen in Kanada oder den USA und brauchten zum Teil eine ganze Woche, um wieder nach Hause zu kommen.

Dieser 9/11-Terroranschlag sollte nicht nur die ganze Welt verändern, sondern auch der Euphorie um die Brennstoffzelle ein baldiges Ende bescheren. Nach diesem Ereignis begannen die Aktienkurse weltweit zu fallen. Besonders schnell vollzog sich das im „Neuen Markt". Die sogenannte „dot.com-Blase" begann zu platzen. Sehr viele der Start-Up Firmen waren stark überbewertet und so begann die große Ernüchterung. Die Ballard-Aktie war Anfang 2000 bis auf 196 Can $ gestiegen. Die Marktkapitalisierung lag bei etwa 10 Mrd. Can $. Ballard hatte zwar kaum Umsätze, war aber damals ein Viertel so viel wert wie der Daimler-Konzern.

Ein Erlebnis der ganz besonderen Art zum Thema Aktien hatte ich ihm Frühjahr 1998. Wir waren gerade dabei, unsere Labors in Nabern aufzubauen. Die dafür vorgesehene Halle war eine einzige Baustelle voller Staub, Dreck und Lärm. Und genau zu dieser Zeit lud Ballard-CFO Umedaly die Analysten von sieben großen Investment Firmen nach Nabern ein. Er hatte für die folgenden Wochen eine Kapitalerhöhung geplant, um die weiteren Entwicklungen zu finanzieren. Wir präsentierten unsere Pläne zu den Brennstoffzellen-Fahrzeugen. Die vielen Baustellen signalisierten den Analysten, dass etwas Großes geplant war. Im Anschluss ging es auf die Einfahrbahn, die Fahrzeug-Teststrecke in Untertürkheim. Profifahrer rasten mit den Analysten aus der Finanzwelt auf dem Beifahrersitz in den teuersten Sportwagen mit 180 km/h durch die 90 Grad Steilkurve, ein echter Nervenkitzel. Zum Abendessen waren wir mit einem der Vorstände verabredet, der unsere Pläne zur Brennstoffzelle bestätigte. Für die richtige Stimmung bei den potenziellen Investoren war gesorgt. Während des Mittagessens am nächsten Tag konnte ich haut-nah miterleben, wie die sieben konkurrierenden Investmenthäuser um den Auftrag zur Kapital-erhöhung wetteiferten. Das Ergebnis war wenige Wochen später sichtbar. Die Kapitalerhöhung war erfolgreich und der Börsenkurs hatte sich in kürzester Zeit verdoppelt.

Nach 9/11 ging es in die andere Richtung. Die Kurse fielen rasant und die Weltwirtschaft begann zunehmend zu leiden. Infolgedessen mussten alle Firmen weltweit konsolidieren, um zu überleben, so auch die Konzerne der Brennstoffzellen-Allianz. Die Entwicklungs-budgets wurden massiv gekürzt. Zuerst wurde die Entwicklung der kompletten

Methanol-Aktivitäten auf Eis gelegt. Die Wasserstoff-Fahrzeuge mussten dagegen zügig fertig gestellt werden. Die Konkurrenz war ja schließlich auch unterwegs. Als nächstes wurde die Struktur der Brennstoffzellen-Allianz massiv verändert. Alle Joint-Venture-Unternehmen und ihre weltweiten Töchter wurden unter dem Dach von Ballard zusammengeführt. Die inzwischen auf 1500 Mitarbeiter angewachsen Organisation musste deutlich verschlankt werden, um Kosten zu sparen.

Diese Zeit hat sich bei mir mit der folgenden Begebenheit ganz besonders eingeprägt. Es war ein wunderschöner Sommertag und ich hatte Urlaub. Mit der Familie fuhr ich vom Wandern im Bregenzerwald gerade zurück nach Hause, als mich ein Anruf aus Vancouver erreichte: Das Management der Brennstoffzellen-Allianz hatte unter anderem beschlossen, die Ballard Power Systems GmbH aufzulösen, die Hälfte der Mitarbeiter zu Daimler zu transferieren und die andere Hälfte zu entlassen. Das war es dann mit der Urlaubsentspannung. Ich begann zu überlegen, wie das zu verhindern war. Die Strukturen in der Allianz waren komplex und Veränderungen deshalb nicht so einfach umzusetzen. Es gelang, meine GmbH in die deutsche Ballard AG einzubringen und am Schluss niemanden zu entlassen. Alle Mitarbeiter hatten ihren Arbeitsplatz zwar behalten, organisatorisch hatte sich aber vieles verändert. So kam auch für mich die Zeit, mich neu zu orientieren. Denn meine Organisation, die ich als Geschäftsführer über viele Jahre aufgebaut hatte, gab es durch die Beschlüsse der Allianz nicht mehr. Das freundschaftliche Verhältnis zu vielen meiner Mitarbeiter blieb aber zum Glück erhalten und es sollte danach noch viele interessante Begegnungen geben.

Im Sommer 2003 hatte ich zum Abschluss meiner Zeit in Nabern noch ein besonders schönes Erlebnis mit einem der ersten Kleinserienfahrzeuge – der f-cell A-Klasse. An einem wunderschönen Tag, Ende Juni, fuhr ich mit meinem Sohn nach Nabern, um mein Dienstfahrzeug abzugeben. Es war nach der extrem turbulenten Zeit mein letzter Arbeitstag, bevor ich kurz darauf bei der Süd-Chemie in München die Leitung des Geschäftsbereiches für Katalysatoren im Umwelt- und Energiebereich übernehmen sollte. Ich zeigte meinem Sohn die Bereiche, in welchen ich über die ganzen Jahre gearbeitet hatte. Natürlich war die Halle, in der die Fahrzeuge aufgebaut wurden, am interessantesten. Die Kollegen waren gerade dabei, die Exponate für die IAA fertig zu machen und fragten mich, ob ich eine kleine Spazierfahrt machen wollte. Sie drückten mir die Fahrzeugschlüssel in die Hand und los ging es mit meinem Sohn auf dem Beifahrersitz. Mit offenen Fenstern und Schiebedach glitten wir lautlos durch die wunderschönen Dörfer und Obstplantagen am Fuße des Albtraufs. Alles war leise und still, wir rochen sommerlich frische Luft und keinerlei Abgase, einfach ein wunderbares Dahingleiten. Am nächsten Tag sollte ich mein neues Dienstfahrzeug, ein nagelneuer BMW mit – Dieselmotor, in München abholen. Was für ein Unterschied im Vergleich zur Brennstoffzelle! Der Diesel gab ein lautes Rattern von sich und die Abgase waren in der Tiefgarage mehr als unangenehm. Man muss den Unterschied erleben, um zu verstehen, wie groß er tatsächlich ist.

2.2   Tücken der Komplexität

Die Geschichte erzählt von André Martin

Die ersten Eindrücke – "Draft of tomorrow's press release"[1]
Bis 1988 war Ballard eine Forschungsgarage, sehr kreativ, aber die Firma hing am Tropf staatlicher Fördergelder. Kurz nach dem Eintritt des neuen CEO, Firoz Rasul, in die Firma hielt dieser eine bemerkenswerte Rede vor den Mitarbeitern. Sein zentrales Statement lautete: „Wenn Ihr nach einem Nobelpreis strebt, seid Ihr hier am falschen Platz. Wenn Ihr eine Menge Geld verdienen wollt, dann seid Ihr hier richtig." (reference for business 2005).

Er leitete einen grundsätzlichen Kulturwandel ein. Die Firma sollte nicht länger von staatlichen Forschungsgeldern abhängig sein, sondern unternehmerisch am Markt agieren. Es gelang ihm und Mossadiq Umedaly, dem damaligen Finanzchef, innerhalb weniger Jahre Ballard zu einer der verheißungsvollsten Technologiefirmen der Welt zu machen. Zehn Jahre später, 1998, wurde Ballard als „Weltmarktführer in der automobilen Brennstoffzellen-Technologie" gehandelt und weltweit anerkannt. Erreicht wurde das durch ein Netz globaler Allianzen mit Autoherstellern und Firmen der Energiebranche sowie durch eine geschickte Öffentlichkeitsarbeit, unterstützt von vielen Fahrzeugpräsentationen gemeinsam mit den strategischen Partnern. Ballard ging 1993 an die Börse und hatte 1998 eine Marktkapitalisierung von 1,7 Mrd. $ erreicht. Eine Firma mit 350 Angestellten und einem Umsatz von 16 Mio.$, die bis dahin nur Verluste geschrieben hatte (wardsauto 1998; ycharts 2021). Zusammen mit internationalen Schwergewichten, wie Ford, DaimlerChrysler, ARCO, Shell, Texaco und dem Bundesstaat Kalifornien gründete Ballard 1999 die „California Fuel Cell Partnership". Ballard war im „Who is Who" der Industrie angekommen.

Ich war über einen Head Hunter angesprochen worden und begann meine Tätigkeit bei Ballard nach einem Auswahlverfahren im Mai 1998. Eines meiner ersten Erlebnisse in meiner neuen Stelle als Verantwortlicher für Vertrieb und Marketing der Ballard Automotive in Europa, war die Teilnahme an einer Konferenz in London im Jahr 1998. Ein Kollege präsentierte über die Freiheit der Mobilität und die Kommerzialisierung von Wasserstoff und Brennstoffzellen. Ihm zur Seite stand ein illustrer Kreis aus Vertretern von Texaco, Shell und Honda. Firoz Rasul ließ sich mit dem Statement zitieren, dass die Brennstoffzellen-Technologie das Potenzial habe, eine Main-Stream-Technologie zu werden. Der CEO von Texaco, Peter Bijur, stellte fest, dass die Tage der traditionellen Öl-Firmen gezählt seien. Die Vertreter von Shell und Honda waren etwas vorsichtiger bezüglich des Zeitrahmens, äußerten sich aber ähnlich euphorisch (siehe Abb. 2.4).

Zu diesem Zeitpunkt, d. h. 1998, gab es weniger als eine Handvoll Technologieträger bei Daimler und einige Busse bei Ballard. Jedes dieser Fahrzeuge und jedes in

---

[1] Sinngemäß: Entwurf der morgigen Pressemitteilung.

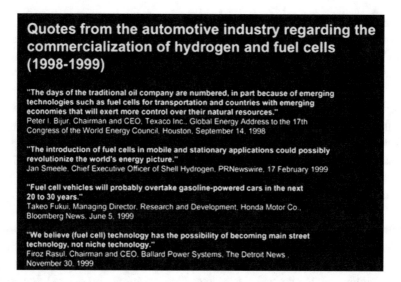

Abb. 2.4 Zitate aus der Fahrzeug- und Kraftstoffindustrie 1998/1999; Quelle Hydrogen Ambassador, alle Rechte vorbehalten; einige Graphikelemente wurden entfernt

ihnen verbaute Teil war ein Unikat, weit entfernt von industrieller Produktentwicklung, weit entfernt von einem industriellen Produkt. Die Fahrzeuge wurden mit vielen Einschränkungen und unter Zuhilfenahme eines halben Dutzend Laptops betrieben, was für den damaligen Entwicklungsstand nicht überraschend war. Es gab keinerlei fahrzeugtaugliche Erfahrungen, auf die man sich stützen konnte und keine Zulieferindustrie: Es fehlte an allem, was für eine Industrialisierung nötig war. Für mich als Newcomer war es faszinierend zu beobachten, wie hochrangige Industrieakteure mit diesem Hintergrund eine Diskussion zur Ablösung konventioneller Antriebe vor einem internationalen Publikum führten. Hier wurde ein ganz großes Rad gedreht, das mir trotz geringer Erfahrung mit dem Thema nicht so recht zum tatsächlichen Stand der Entwicklung zu passen schien.

Das Muster des großen öffentlichen Auftritts in Kombination mit verheißungsvoller Sprache und regelmäßigen, geschickt platzierten Kampagnen zog sich durch die gesamte Geschichte. Die öffentlichen Auftritte des Managements bewegten sich auf einem schmalen Grat zwischen dem Schüren von Erwartungen und tatsächlicher Substanz des Unternehmens. Das Publikum erhielt Zugang zu einer verheißungsvollen Zukunft, auch wenn es in der Gegenwart noch viele offene Fragen gab. Das kam an, und nicht nur Ballard agierte auf diese Weise. Es war die Zeit des neuen Marktes mit explodierenden Bewertungen von Start-Up-Firmen, die große Visionen verkauften und nur wenige Produkte. Auch viele andere Akteure, die an der Entwicklung teilnahmen, wollten nicht, dass die Kette an guten Nachrichten abriss. Das Ballard Mission Statement: „Power to change the World"[2] brachte die dahinterliegende Haltung auf den Punkt: es ging um nichts weniger, als die Welt zu verändern. Das war aus der Position eines kleinen Startups eine kühne Aussage, aber niemand zog sie in Zweifel und die Investoren schienen sie besonders zu mögen.

Am 30. August 2000 ging ein Schreiben des US-Präsidenten Bill Clinton bei Jürgen Schrempp, dem damaligen Vorstandsvorsitzenden der DaimlerChrysler AG ein, in dem er DaimlerChrysler zur Entwicklung von Brennstoffzellen-Fahrzeugen beglückwünschte und hervorhob, „dass er besonders froh darüber sei, dass bereits erste kommerzielle Applikationen sichtbar sind, die einen echten Kundennutzen zeigten". Das Schreiben hinterließ nachhaltigen Eindruck und hing für längere Zeit im öffentlichen Eingangsbereich unsere Bürotrakts in Nabern.

Bill Clinton unterlag demselben Eindruck wie viele andere Beobachter. Die Technologie funktionierte in Fahrzeugen und wurde durch Industriegiganten entwickelt. Folglich musste man ihre Produktnähe nicht in Zweifel ziehen. Wie weit Geschäftsentwicklung ging und wo Nachrichtenproduktion begann, war nur schwer zu unterscheiden. Die Aufbereitung von Fakten und Nachrichten ähnelte deshalb oft einem Balanceakt. Die Frage nach dieser Balance wurde innerhalb der Allianz kaum thematisiert.

Zum Bild gehört, dass die Bezahlung von Mitarbeitern und Management mit Aktienoptionen eine eigene Dynamik entfaltet. Mit Optionen kann man, falls der Aktienpreis ausreichend steigt, viel mehr Geld verdienen als mit einem normalen Gehalt. Bei einer entsprechenden Position in der Hierarchie kann es sich um Millionen handeln. Bei solchen Beträgen kann die Motivation der handelnden Personen davon nicht unbeeinflusst bleiben. Der Aktienpreis ist deshalb eine primäre Zielfunktion des Managements und er hängt naturgemäß ganz wesentlich von der Stimmung der Investoren ab. Futter für Investoren sind gute Nachrichten. Daran hat sich bis heute nichts geändert. Ballard hatte darin eine gewisse Meisterschaft erreicht. Den erfahreneren Mitarbeitern des Unternehmens blieben gewisse Diskrepanzen zwischen Kommunikation und Unternehmensrealität jedoch nicht verborgen. Im Januar 2001 zirkulierte im Unternehmen eine fiktive Pressemitteilung, die ein unbekannter Witzbold entworfen hatte. Sie brachte eine weitverbreitete Stimmung, satirisch überspitzt, gut auf den Punkt (siehe Abb. 2.5).

Übersetzung Abb. 2.5
Ballard kündigte heute an, eine weitere Ankündigung zu machen.

„Aufgrund des Fehlens jeglichen messbaren Fortschritts haben wir uns entschlossen, diese Ankündigung zu veröffentlichen und hoffen, dass sie die Aufmerksamkeit von der Tatsache ablenkt, dass alles was wir in den letzten 5 Jahren produziert haben, Ankündigungen von Produkten waren, anstelle tatsächlicher Produkte."- sagte..., Chairman und CEO.

„Wir haben uns deshalb entschlossen, unsere Produktpalette zu modifizieren und zukünftig unsere ganze Kraft der Herstellung von Pressemitteilungen zu widmen," so ... „Es ist das, was wir am besten können, was wir seit vielen Jahren gemacht haben und was auch unsere Investoren an

---

[2] Sinngemäß: Energie, die die Welt verändert.

Yahoo! BLDP http://messages.yahoo.com/bbs?.mm=FN&act...=8728891&tid=bldpf&sid=8728891&mid=45787

YAHOO!FINANCE

Finance Home - Message Boards Help - Yahoo!

powered by COMPAQ

Top > Business & Finance > Investments > Sectors > Technology > Electronic Instruments and Controls > **BLDP** (Ballard Power Systems)

Options - Edit Public Profile - Sign In

< Previous I Next > [First I Last I **Msg List**] Msg #:_____ Go Reply Post   ADVE

Recommend this Post - This post has 15 recommendations. Ignore this User I Report Abuse

Draft of tomorrow's press release   10/01/01 04:59 pm
by: aliceknowsballard   Msg: 45787 of 45882

Ballard today announced that it was making another announcement.

"Absent any measurable progress or success, we have decided to make this announcement in the hope that it would deflect attention from the fact that all we have produced in the past five years are announcements about products, instead of actual products," said ▉▉▉▉, Chairman and CEO.

"We have decided to remake our product line-up and devote all of our energies to producing press releases," said ▉▉▉. "It is what we know best, it is what we have been doing for all these years and it is what our investors seem to enjoy us doing. And we have enough cash on our balance sheet to produce lots of press releases for the next two to three hundred years."

Ballard plans to team with Ford and Daimler, who are more than happy to pretend that fuel cells cars might some day work, in the effort to produce lots and lots of press releases and press conferences.

"This press conference today will be the first of many press conferences that Ford will be holding with Ballard," said ▉▉▉▉▉, Vice-Chairman, Ford Motor Company. "We like press conferences. This one should be fun."

"We are looking forward to diverting the press's attention from the fact that our stock price is near an all time historical low and that our collaboration with Ballard has produced exactly ZERO since 1995, said ▉▉▉▉▉, Member of the Board of Management of DaimlerChrysler AG. "I just wish that jerk ▉▉▉▉▉ had a clue as to getting us into this pig in a poke in the first place."

Ballard officials indicated that they might be able to increase their press release production to at least three a month, though would not commit to those numbers.

BLDP Snapshot

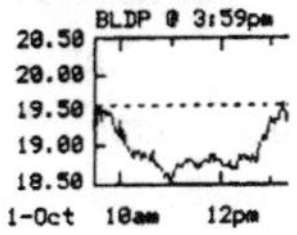

BLDP @ 3:59pm

20.50
20.00
19.50
19.00
18.50

1-Oct   10am   12pm

BLDP

quotes delayed
Syn

Message Thread [View]   Ignore this User I Report Abuse

of 2   10/2/01 8:27 AM

Abb. 2.5 Zeitdokument, 2001: „Draft of Tomorrow's Press Release"; Verfasser unbekannt

uns zu schätzen scheinen. Wir haben genug Geld in unserer Bilanz, um in den nächsten 200 bis 300 Jahren Unmengen an Pressemitteilungen zu produzieren. "

Ballard hat die Absicht, mit Daimler und Ford zusammenzuarbeiten, die sehr gerne behaupten, dass Brennstoffzellen-Fahrzeuge eines Tages funktionieren würden, um möglichst viele Pressemitteilungen und Pressekonferenzen produzieren zu können.

„Die heutige Pressekonferenz wird die erste von vielen Pressekonferenzen sein, die Ford mit Ballard abhalten wird, " sagte ..., Vice-Chairman, Ford Motor Company. „Wir lieben Pressekonferenzen. Und diese macht uns besonderen Spaß. "

„Wir freuen uns, die Aufmerksamkeit der Presse von der Tatsache abzulenken, dass unser Aktienkurs in der Nähe eines historischen Tiefs ist und dass unsere Zusammenarbeit mit Ballard seit 1995 exakt Null produziert hat, " sagte ..., Mitglied des Vorstandes der DaimlerChrysler AG. „Ich hätte mir gewünscht, dass der Trottel ... einen blassen Schimmer gehabt hätte, bevor er uns diese Katze im Sack kaufen ließ. "

Ballard-Repräsentanten deuteten an, dass sie die Produktion von Pressemitteilungen auf mindestens drei pro Monat steigern könnten, würden sich jedoch auf diese Zahl nicht festlegen. "

Die fiktive Pressemitteilung war im typischen Verlautbarungsduktus aufgemacht. Hochgespannte Erwartungen wurden kombiniert mit prominenten Akteuren. Große Vorhaben wurden verkündet, aber kaum konkrete Ziele benannt. So konnte man später auf nichts festgelegt werden. Interessanter sind jedoch die Kernaussagen des Textes: Wenn in einem Unternehmen der Eindruck entsteht, dass das Executive Management stärker mit der positiven Außendarstellung des Unternehmens als mit der Technologieentwicklung und einem nachhaltigen Geschäftsmodell beschäftigt ist, entstehen Zweifel unter den Mitarbeitern. Die Allianz mit DaimlerChrysler und Ford hatte nicht den erwarteten Entwicklungsschub ausgelöst. Die Geschwindigkeit der Entwicklung hatte sich scheinbar verlangsamt, obwohl die Ressourcen sich vervielfacht hatten. Die Entwicklungsdynamik hatte nachgelassen.

Technologische Durchbrüche am laufenden Band

Im Jahr 1997 kam der Kooperationsvertrag zwischen Ballard und Daimler zustande. Bereits ein Jahr später, 1998, trat Ford der Kooperation bei, was zur Gründung der sogenannten „Fuel Cell Alliance" (Brennstoffzellen-Allianz) führte. Sie verfolgte das Ziel, die gemeinsame, gleichberechtigte Entwicklung der Brennstoffzellen-Technologie für den Einsatz in Fahrzeugen durchzuführen, wofür mehrerer Tochterunternehmen gebildet wurden. Eine davon sollte automobile Brennstoffzellen-Systeme entwickeln, eine weitere sich um die Entwicklung elektrischer Antriebe kümmern. Die Brennstoffzellen-Entwicklung, d. h. die Entwicklung der Kerntechnologie, die bis dahin parallel erfolgt war, wurde vollständig bei Ballard konzentriert und die deutschen Brennstoffzellen-Entwickler in die Ballard Power Systems GmbH mit Sitz in Kirchheim/Teck überführt, deren Leitung Werner Tillmetz übernahm. Um die Ernsthaftigkeit der Marktaktivitäten zu unterstreichen, gründete man die Ballard Automotive Inc., eine unselbständige Niederlassung der Ballard Corp., ebenfalls mit Sitz in Kirchheim/Teck, die fortan zuständig für das Marketing in Europa war und die ich nach meiner Einstellung führte. Im Jahr 1999 wurde die dbb mit großem Aufwand in XcellSys umbenannt. Der Name, der sich aus Daimler-Benz und Ballard ableitete, war sowohl durch den Eintritt eines weiteren Partners in die Allianz als auch den Zusammenschluss von Daimler mit Chrysler obsolet geworden.

Was folgerichtig klang, die Ausgründung der Technologieentwicklung in kleinere flexible Tochterunternehmen und die Fokussierung der Allianz-Partner auf jeweils einen Teil der Gesamtentwicklung, erzeugte eine hoch-komplexe Organisationsstruktur mit weit voneinander entfernten, z. T. überseeischen Standorten, in verschiedenen Zeitzonen und mit sehr unterschiedlichen Entwicklungsmentalitäten. Wichtige Beschlüsse bzw. Entscheidungen konnten nur von allen Partnern gemeinsam und gleichberechtigt getroffen werden. Der Zulieferer hatte die gleichen Rechte wie die beiden Fahrzeughersteller. Die drei Technologiefirmen waren in der technischen Entwicklung relativ selbständig, hingen aber am Geldhahn der großen Automobilfirmen.

Dieses Gesamtkonstrukt sollte sich als schwere Hypothek für die Produktentwicklung und die Kooperation als Ganzes herausstellen. Im Jahr 1998 war die Stimmung jedoch noch euphorisch, voller hochgeschraubter Erwartungen. Die Allianz galt als eine einmalige Organisation und sie trug maßgeblich zum damaligen Börsenwert von Ballard bei. Daimler und Ballard hatten in kurzer Folge Brennstoffzellen-Fahrzeuge vorgestellt und auf die Straße gebracht. Bei diesen Fahrzeugen handelte es sich um Technologieträger, d. h. Unikate, die den jeweiligen Technologieentwicklungsstand repräsentierten und die Fortschritte eindrücklich unter Beweis stellten. Sie erbrachten den grundsätzlichen Nachweis, dass sich die Brennstoffzellen-Technologie für den Antrieb von Fahrzeugen eignete. Viele hatten das zu dieser Zeit und auch später noch bezweifelt.

Voraussetzung für die rasante Abfolge technologischer Entwicklungsschritte und ihrer Demonstration in Fahrzeugen waren enorme Fortschritte in der Entwicklung der Brennstoffzellen-Stacks, ohne die solche Unternehmungen unmöglich gewesen wären. Ebenso beeindruckend war die Reformer-Technik von Necar3, die Prozesse in kompakter Form an Bord eines Fahrzeuges ausführte, die man bis dahin nur aus dem Chemieanlagenbau kannte (siehe Abb. 2.7).

Es handelte sich um bahnbrechende Innovationen. Niemand konnte zu diesem Zeitpunkt Vergleichbares vorweisen. Die in kurzer Folge demonstrierten Fahrzeuge, vor allem aber die rasante Technologieentwicklung beeindruckten viele Beobachter und Wettbewerber. In kürzester Zeit wurden Sprünge in der Leistungsdichte gezeigt, die man bis dahin für unmöglich gehalten hatte. Die Allianz, und mit ihr Ballard, stand damals ohne Zweifel an der Spitze der weltweiten Technologieentwicklung.

Die Erfolge waren mehreren Elementen zu verdanken, die in nahezu optimaler Weise zusammenkamen: Es standen reichlich Mittel zur Verfügung, die in die Entwicklung einflossen. Junge, hochmotivierte Entwicklungsteams und flache Hierarchien ermöglichten massenhaft Ideen, nahmen sie mutig auf und setzten sie schnell um. Es gab keine Denkverbote und kaum Restriktionen. Die Organisation war auf technologische Durchbrüche getrimmt und sie produzierte technologische Durchbrüche. Es wurde nicht gekleckert, es wurde geklotzt. Hindernisse wurden unbürokratisch beiseite geräumt. Es war ein Paradies für Technologieentwickler.

Die Jahrtausendwende war in vielen Bereichen eine Zeit des technologischen Aufbruchs. Dot.Com-Start-Ups beflügelten die Phantasie der Investoren weltweit. Heutige Global Player, wie Apple, Amazon, Google oder Microsoft machten ihre ersten Schritte oder waren bereits in der frühen Phase ihres rasanten Aufstiegs. Der 10 Jahre zurückliegende Zusammenbruch des Ostblocks hatte völlig neue Potenziale eröffnet, die sich gerade zu entfalten begannen. China befreite sich aus seiner selbst auferlegten Isolation. Die Welt träumte von einer neuen Ära der Zusammenarbeit und des technologischen Fortschritts.

Die Aufbruchsstimmung machte auch um die Auto-Industrie keinen Bogen. Alte Elektrifizierungsvisionen feierten ihre Auferstehung. Die Entwickler hatten bereits in den 80-er Jahren erste Versuche mit batterie-elektrischen Antrieben gemacht, die wegen der unzureichenden Energiedichte der damaligen Batterie-Technologie und in ihrer Folge deutlich zu geringer Reichweiten erfolglos aufgegeben wurden. Im Jahr 1990 ergriff das California Air Resources Board (CARB) mit seinem Zero-Emission-Mandate (Nullemissions-Mandat) eine einzigartige Initiative. Alle Fahrzeughersteller, die zukünftig in Kalifornien Autos verkaufen wollten, wurden dazu verpflichtet, ab einem bestimmten Zeitpunkt einen Anteil an Nullemissionsfahrzeugen in Abhängigkeit von ihren Verkaufsvolumen zu liefern. Das Ziel war, eine deutliche Verbesserung der Luftqualität in Kalifornien zu erreichen.

Das Zero-Emission-Mandate führte zur Gründung der California Fuel Cell Partnership (CAFCP), die von der Allianz maßgeblich unterstützt wurde, in dem sie dem CARB (California Air Resources Board) Informationen und Fakten zur Verfügung stellte, die die politische Strategie untermauerten. Neben anderen erklärten sich DaimlerChrysler, Ford und Ballard bereit, die Aktivitäten des CARB öffentlich zu unterstützen. Die Partnership sollte in einem eigens dafür aufgebauten Standort Demonstrationsfahrzeuge und die Betankungs-Infrastruktur testen und auf ihren breiteren Einsatz unter dem Mandat vorbereiten. Sie stand allen interessierten Auto-und Kraftstoff-Herstellern offen. Ein zentrales Element der ZEV-Regulierung (Zero Emission Vehicle) war die Forderung, dass Nullemissionsfahrzeuge eine bestimmte Mindestreichweite erfüllen mussten, um als solche anerkannt zu werden.

Bis dahin hatte die Brennstoffzelle in der Fahrzeugindustrie ein zwar exklusives aber eher esoterisches Nischendasein als Technologievision und High-Tech-Forschungsthema gefristet. Jetzt rückte sie als mögliche Technologiealternative zur Erfüllung des Mandats und damit knallharter wirtschaftlicher Interessen in den Mittelpunkt. Das Mandat löste große Betriebsamkeit unter allen Auto-Herstellern aus, die auch zukünftig ihre Fahrzeuge auf dem interessanten kalifornischen Markt verkaufen wollten.

Jeder spricht mit jedem – Einigung in weiter Ferne
Es begann eine Periode zahlreicher Kooperationsgespräche, da es vielen Firmen sinnvoll erschien, Ressourcen für die Entwicklung zu bündeln. Zwischen 1999 und 2001 redete fast jeder mit jedem in der Auto-Industrie. Vielfältige Bündnisse wurden öffentlich verkündet und ebenso schnell wieder fallengelassen. Ballard hatte die Gründung der

CAFCP naturgemäß nach Kräften unterstützt. Die Aufbruchsstimmung, die das Zero-Emission-Mandat erzeugte, passte vorzüglich in unsere Strategie, andere Auto-Hersteller von der Brennstoffzellen-Technologie zu überzeugen und daraus ein Moment für die Gesamtentwicklung und Umsatzwachstum zu generieren.

Ich hatte bereits Mitte 1998 den Gesprächsfaden mit dem General Alternative Propulsion Center (GAPC) von General Motors (GM) in Mainz-Kastell aufgenommen. Wir waren uns mit den Kollegen bei vielen Themen, die die Technologie betrafen, häufig schnell einig. Schwierig wurde es immer dann, wenn wir das Minenfeld der Firmenpolitik betraten.

Eines der ersten konkreten Ergebnisse unserer Diskussionen war die Lieferung eines Wasserstoff-Systems, mit dem GM eine Erprobung durchführen wollte. Der von GM übermittelte Kaufvertrag hatte 120 Seiten und steckte voller juristischer Spitzfindigkeiten. Während einer Ballard-Schulung in La Jolla in der Nähe von San Diego, Mitte 1999, gingen wir den Vertrag gemeinsam mit einem Juristen durch. Wir einigten uns, die aus unserer Sicht problematischen Inhalte gegenüber GM zu thematisieren. In mehreren Diskussionsrunden und mit zugedrückten Augen gelang es uns, diese Klippe zu umschiffen und den Vertrag in trockene Tücher zu bekommen.

Im November 1999 organisierten wir ein hochrangiges Treffen zwischen dem GAPC sowie Ballard Automotive und dem DaimlerChrysler-Projekthaus. Für das Treffen waren drei Themenbereiche vereinbart worden, Kraftstoff und Infrastruktur, Demonstrationsprojekte und die weitere technische Zusammenarbeit. Die Diskussion zum Kraftstoff legte die unterschiedlichen Positionen offen. Wir waren uns schnell einig, dass eine Vereinbarung zwischen den wichtigsten Auto-Herstellern zum bevorzugten Kraftstoff essentiell für den Aufbau einer Infrastruktur war, jedoch keineswegs welcher Kraftstoff das sein sollte. GM zweifelte an der Priorität, die wir Methanol dabei zuwiesen und konnte insbesondere unsere technischen Argumente nicht nachvollziehen. Die vereinbarte Lieferung des Wasserstoff-Systems war dafür ein deutlicher Fingerzeig. Wir vereinbarten schließlich, eine gemeinsame Initiative von GM, Toyota, DaimlerChrysler und Ford zur Beurteilung der infrage kommenden Kraftstoffoptionen anzuregen.

Außerdem versuchten wir, GM zu motivieren sich ebenfalls an der CAFCP zu beteiligen, die zu diesem Zeitpunkt die wichtigste Veranstaltung dieser Art war und aus unserer Sicht für sie ein Heimspiel sein sollte. Sie machten jedoch deutlich, dass sie eine Zusammenarbeit mit dem CARB aufgrund „schlechter Erfahrungen" in der Vergangenheit kritisch beurteilten, würden den Vorschlag jedoch nochmals intern diskutieren. Tatsächlich beteiligten sie sich einige Zeit später an der Partnership, allerdings nicht in dem von uns angestrebten und erwarteten kooperativen Rahmen.

Nach dem Mittagessen war eine Labor-Tour vorgesehen, die wir nach längerem für und wider ins Programm genommen hatten. Für Außenstehende muss erklärt werden, dass es sich dabei um eine sensible, wenn nicht heikle Entscheidung handelt, weil für Experten, denn darum handelte es sich bei den GM-Kollegen, eine direkte Einsicht in den Stand und den Umfang der Entwicklung möglich wird. Wettbewerbern wird ein solcher Einblick typischerweise nicht ermöglicht. Die vorangegangenen Diskussionen mit GM und die Atmosphäre der Gespräche hatte uns bewogen, die Chancen einer möglichen Zusammenarbeit in den Vordergrund zu stellen.

Wir führten die Kollegen durch einige ausgewählte Laborbereiche der Stack- und Systementwicklung, zeigten die neuen Stacks von Ballard und den letzten Stand der Gaserzeugungstechnologie zur Reformierung von Methanol. Die Labore umfassten bereits damals mehrere Tausend Quadratmeter Fläche mit einigen Dutzend Testständen. Sie schienen vollkommen überrascht und beeindruckt vom Ausmaß des Testfelds und des demonstrierten technologischen Standes und erbaten am Ende des Rundgangs eine Beratungszeit.

Nach der Unterbrechung diskutierten wir die weitere technische Zusammenarbeit und boten an, eine spezifische Systementwicklung nach GM-Spezifikationen durchzuführen. Die Reaktion war positiv und wir vereinbarten, ein weiteres Meeting im Januar 2000 durchzuführen, um die Spezifikation für ein Methanol-System zu diskutieren. Das war unzweifelhaft eine unmittelbare und spontane Reaktion auf die Eindrücke der Lab-Tour. Wir waren uns deshalb sicher, alles richtig gemacht zu haben und hatten den Eindruck, dass wir einen entscheidenden Schritt in der angestrebten längerfristigen Zusammenarbeit vorangekommen waren. Nach dem Meeting herrschte jedoch Funkstille. Trotz mehrerer Anläufe, den Austausch fortzusetzen, kamen nur ausweichende Antworten.

Kurz nach dem Besuch, im Oktober 1999, fand die Electric Vehicle Show (EVS 16) in Peking statt, auf der wir vertreten waren. Honda präsentierte zwei Prototyp-Fahrzeuge, FCX-V1 mit Ballard-Brennstoffzelle und FCX-V2 mit einem eigenen Brennstoffzellen-Konzept. Auf dem Ausstellungsstand von GM registrierten wir ebenfalls überwiegend Brennstoffzellen-Technologie, was damals und noch lange danach keine Selbstverständlichkeit für Autohersteller war. Zentrales Exponat war ein 30 kW-Brennstoffzellen-System mit einer Wasserstofferzeugung aus Benzin. Außerdem wurde das Modell eines Brennstoffzellen-Stacks mit einer Spitzenleistung von 80 kW gezeigt. Inzwischen hatte GM auch Gespräche zu einer Kooperation mit Toyota begonnen, über die die Medien berichteten.

Wir unternahmen einen weiteren Versuch, den Dialog zu neuem Leben zu erwecken und trafen uns mit einigen GM-Kollegen in einem Pekinger Großrestaurant zum Abendessen. Einer der Chief Engineers, ein alter Haudegen des GAPC aus Detroit, gab Anekdoten zur Elektrifizierungsgeschichte von GM zum Besten. Der Abend war unterhaltsam, wir hatten einen freundlichen Austausch mit den Amerikanern und den Kollegen aus Mainz. Aber wir kamen in der Sache keinen Schritt weiter.

GM hatte, wie wir wussten, im April 1999 eine breit angelegte Entwicklungskooperation mit Toyota begonnen, die auch Brennstoffzellen beinhaltete. Eines der Ziele war die Bestimmung des für Brennstoffzellen am besten geeigneten Kraftstoffs (latimes, 1999). Einige Zeit später, im Mai 2001, kam dann die Meldung, dass sie sich für Benzin entschieden hatten und 200 Ingenieure einstellten, um die Benzin-Reformierung zu entwickeln. Als Hauptgrund gaben sie die Nutzung der vorhandenen Betankungsinfrastruktur an (autonews, 2001).

Wir hatten zu diesem Zeitpunkt mit hoher Sicherheit die weltweit umfassendste Erfahrung zu allen Aspekten der Kraftstoff-Reformierung unter Fahrzeugbedingungen und waren durch unsere Analysen zu dem Schluss gekommen, dass Benzin als Kraftstoffoption für einen Brennstoffzellen-Antrieb keine sinnvolle Option war. Neben der Komplexität, dem Gewicht und Volumen sowie den Kosten eines solchen Systems waren der unzureichende Wirkungsgrad und die verbleibenden Emissionen klare Ausschluss-Kriterien. Deshalb konnten wir diese Entscheidung in keiner Weise nachvollziehen.

Wie sich zeigte, hatte unsere gutgemeinte Laborführung die Ingenieure überzeugt, aber die Konzern-Strategen hatten andere Pläne. Wie sich ebenfalls später zeigte, hatten wir mit unseren Analysen recht, denn die Benzinreformierung verschwand sehr schnell von der Agenda, nachdem man festgestellt hatte, wie groß die technologischen Herausforderungen sind.

Ab etwa Mitte 1998 begannen wir auch den Dialog mit einem weiteren starken potenziellen Partner. Wir führten Gespräche mit den Kollegen des Volkswagen-Konzernforschungszentrums Motor, Kraftstoffe und Emissionen in Wolfsburg. Wir hatten sie in einer Reihe technischer Diskussionen überzeugt, Erprobungen der Brennstoffzellen-Antriebe durchzuführen und diskutierten erste Schritte einer Zusammenarbeit. Das interne Projekt trug dort den Namen X100. Zunächst sollte eine Erprobung der Necar3-Technologie erfolgen, danach die Necar5-Technologie (beide mit Methanol als Kraftstoff) an die Reihe kommen (siehe Abb. 2.7). Unsere Gesprächspartner äußerten außerdem Überlegungen, im Anschluss an die Erprobung eine Flottendemonstration von bis zu 50 Fahrzeugen durchzuführen. Die internen Abstimmungen dazu mit den Geschäftsbereichen liefen vielversprechend. Sie erwarteten durch die wachsenden Umsätze mit ihrem „New Beetle" in Kalifornien, in den Status eines „großen Produzenten" befördert zu werden, was die Anwendung des Zero-Emission-Mandats des CARB auf ihre Fahrzeuglieferungen zur Folge gehabt hätte.

Mitte 1999 erfolgte die Lieferung des ersten Systems. Wir unterstützten den Einbau und die Inbetriebnahme. Die Fahrzeugintegration erwies sich als schwierig, da die Packaging-Anforderungen mehrfach verändert wurden, was zusätzlichen Konstruktions- und Anpassungsaufwand nach sich zog. Ende 1999 wurde das Fahrzeug erfolgreich in Betrieb genommen und die Erprobung begann.

Im August und Oktober 1999 sowie im Februar 2000 unternahmen wir mehrere Versuche, VW eine weitergehende strategische Zusammenarbeit vorzuschlagen, jedoch ohne Erfolg. Keiner unserer Briefe wurde beantwortet und es kam nicht zu weiteren Gesprächen. Im Frühjahr 2000 erhielten wir dann die Nachricht, dass VW Methanol als Kraftstoff nicht weiterverfolgt und stattdessen auf Benzinreformierung setzte. Auch in diesem Fall machten wir eine ähnliche Erfahrung wie bei vorangegangenen Gesprächen mit GM. Wir konnten die Ingenieure überzeugen, aber die Strategen blockierten eine Zusammenarbeit und gingen stattdessen in den Konkurrenzmodus.

Auch mit BMW gab es viele Diskussionen, die damals auf den Einsatz von Wasserstoff im Verbrennungsmotor setzten. Ich hatte zahlreiche Gespräche mit ihrem damaligen Cheflobbyisten, den ich häufig in Brüssel traf. Wir organisierten einen Besuch bei

Ballard in Vancouver, um die Diskussionen zu vertiefen. Bei einem Rundgang durch die Labore zeigten wir die dortigen Aktivitäten. Der unmittelbare Eindruck führte zu angeregten Diskussionen bei den Kollegen. Während eines gemeinsamen Frühstücks im Pan Pacific Hotel schwärmten sie urplötzlich vom Potential der Brennstoffzelle und schmiedeten Pläne. Die Schwärmerei erlosch so schnell wie sie aufgekommen war. Auch aus diesem Kooperationsansatz wurde nichts. Ganz im Gegenteil lieferten sich Vertreter beider Unternehmen, auch bei öffentlichen Gelegenheiten, immer wieder heftige Schlagabtausche.

BMW schlug dann einen aus unserer Sicht ebenfalls ziemlich exotischen Weg ein, indem sie versuchten, die SOFC-Technologie (Festoxidbrennstoffzelle, die bei etwa 800°C betrieben wird) als APU (Auxiliary Power Unit = Bordstromversorgung) für den Betrieb mit Benzin im Fahrzeug zu entwickeln. Die Idee der auto-thermen Benzin-Reformierung in Fahrzeugen wurde damals auch durch das Fraunhofer-Institut in Freiburg propagiert (solarserver 2002).

Trotz großem Interesse aller Akteure gelang es uns nicht, die Auto-Industrie zu einer gemeinsamen Vorgehensweise zu bewegen, was sich in den folgenden Jahren als schwere Hypothek erweisen sollte. Im Zentrum der strategischen Diskrepanzen stand die Kraftstoffwahl. Sie war, das muss zweifellos berücksichtigt werden, damals und noch lange danach ein komplexes, vielschichtiges, von Interessen geleitetes und deshalb heftig umkämpftes Thema. Sie definierte nicht nur die Technologieentwicklung, sondern vor allem auch das Ausmaß der nötigen Veränderungen des gesamten Umfelds, insbesondere der Infrastruktur. Aber sie bestimmte auch die Wettbewerbsposition der Unternehmen, je nachdem welchen Entwicklungsstand sie bei welcher Option erreicht hatten.

Die Repräsentanten der drei Lager, Wasserstoff, Benzin und Methanol lieferten sich viele öffentliche und nichtöffentliche Auseinandersetzungen. Das führte jedoch selten zu echten Diskussionen, da meist sehr selektiv entlang der Vorteile der jeweils bevorzugten Option argumentiert wurde. Offensichtliche Widersprüche wurden ignoriert oder bagatellisiert. Benzin wurde als Kraftstoff für die Brennstoffzelle eine „Brückenfunktion" nachgesagt, ohne die fehlende technologische Machbarkeit und die erheblichen Nachteile seines Einsatzes zu benennen. Methanol wiederum wurde als giftig apostrophiert und damit wurden Ängste geschürt. Ein zweifelhaftes Argument, wenn man die Eigenschaften von Benzin bedenkt. Wasserstoff hatte Nachteile bei der Speicherung und vor allem aufgrund des nötigen Aufbaus einer komplett neuen Infrastruktur. In einem Pressestatement von GM aus dem Jahre 2001 ist die damalige Diskussion in wenigen Sätzen auf den Punkt gebracht. (autonews 2001) Dass Wasserstoff schließlich das Rennen machte, ist neben der fehlenden Machbarkeit der Benzin-Reformierung im Fahrzeug möglicherweise dem Umstand zu verdanken, dass viele Protagonisten die Entwicklung für einfacher hielten als den Weg über Methanol. Während dies auf den Antrieb zweifellos zutrifft, gilt es für die Infrastruktur leider nicht. Diese Entscheidung legte die Grundlage für das sogenannte Henne-Ei-Problem, das auf den obskuren Streit hinauslief, ob man zuerst eine ausreichende Anzahl an Fahrzeugen oder die Infrastruktur für ihren Betrieb bräuchte. Alle Akteure, deren Ziel darin bestand die Entwicklung zu verzögern oder einfach kein Risiko einzugehen, hatten jetzt ein vortreffliches Argument für ein Schwarze-Peter-Spiel in der Hand. Sie mussten nur der jeweils anderen Fraktion die Schuld für den unzureichenden Fortschritt zuweisen. Dieses Spiel bestimmte die Diskussionen über viele Jahre.

Allianzen und ihre unbeabsichtigten Folgen

Die 1998 begonnene, neue Phase der Zusammenarbeit in der Brennstoffzellen-Allianz wurde durch die sogenannten Allianz-Verträge geregelt. Die Entwicklungsziele der Kooperation sollten durch die beteiligten Partner gemeinsam festgelegt, ihre Erfüllung überwacht und die Entwicklungsergebnisse gemeinsam genutzt werden. Dazu wurde ein „Alliance Council" gebildet, der aus den drei CEO der beteiligten Firmen bestand, die durch wenige Mitarbeiter unterstützt wurden. Für das Monitoring der Entwicklungsarbeiten waren vierteljährliche Allianz-Meetings vorgesehen, in welchen die Entwicklungsteams über den Stand der Arbeiten berichten und Entscheidungen des Alliance Council getroffen werden sollten.

Die drei Technologiefelder, Brennstoffzelle, Fahrzeugsystem und E-Antrieb waren so aufgeteilt, dass je eine der Firmen die Entwicklungsverantwortung für ein Technologiefeld hatte und die beiden anderen im Innenverhältnis als Kunden behandelt wurden. Im Zentrum der Diskussion zwischen den Partnern standen regelmäßig die Spezifikationsanforderungen, die die Entwicklungsziele bestimmten, jedoch aus der jeweiligen Perspektive durchaus konträr beurteilt werden konnten. In dieser frühen Phase der Technologieentwicklung war es noch schwierig, präzise und belastbare Spezifikationsanforderungen zu definieren, da eine ausreichende Entwicklungserfahrung fehlte. Anforderungen der Fahrzeugseite wurden 1:1 von konventionellen Antrieben übertragen, ohne das gesamte Fahrzeugsystem und daraus ableitbare Synergien im Auge zu haben.

Was im freien Marktverhältnis durch einen dosierten Verhandlungsprozess erreicht wird, führte in der Allianz zu einem Kampf um Prioritäten und Ziele. Die unterschiedlichen Fahrzeugentwicklungsphilosophien der beiden Automobilfirmen verursachten abweichende Entwicklungsprioritäten. Die geteilte Verantwortung für Stack- und Systementwicklung kreierte Zielkonflikte und Schnittstellenprobleme, erschwerte die Vereinbarung gemeinsamer Entwicklungsziele und diente im Zweifelsfall auch als Begründung für unzureichenden Entwicklungsfortschritt. Einer der Hauptkonflikte aus technischer Sicht war das Zusammenspiel der eigentlichen Brennstoffzelle mit dem System und dessen Komponenten, wie Luft- und Wasserstoffversorgung, Luftbefeuchtung und vieles mehr. Die Autohersteller und mit ihnen die Systementwickler der XcellSys forderten, dass der Stack alle technischen Anforderungen des Fahrzeugs bedingungslos zu erfüllen hatte. Die Stack-Entwickler hingegen erwarteten, dass sich die Systemtechnik auf die Eigenschaften der Brennstoffzelle einstellen sollte, meist als „Schwächen der Stack-Technologie ausbügeln" formuliert. Jeder hatte auf seine Art recht und unrecht zugleich. Beiden Seiten mangelte es an einem ausreichenden Willen, die systemischen Zusammenhänge gemeinsam zu betrachten und zu entwickeln. Die Entwicklungsverantwortlichen schlossen zu diesem Zeitpunkt eine Hybridisierung des

Antriebsstrangs grundsätzlich aus. Hintergrund waren die leidvollen Erfahrungen mit Batterie-Fahrzeugen in den Achtziger und Neunziger Jahren. Dass sich die Frage des Einsatzes von Batterien in Kombination mit der Brennstoffzelle durch die Verfügbarkeit einer fortgeschrittenen Batterie-Technologie aus funktionalen und vor allem aus Effizienzgründen in der Zukunft völlig neu stellen würde, war kaum vorhersehbar. Dazu kam, dass bis 2003 keines der Brennstoffzellen-Fahrzeuge hybridisiert, aber trotzdem voll funktionsfähig war. Trotz des Bestrebens der Beteiligten erfolgreich zu sein, bauten sich Konflikte auf, die, je länger es dauerte, sich immer mehr verhärteten.

Die Allianz-Meetings fanden im Wechsel an den Standorten der drei Firmen oder einem anderen Ort nach Vereinbarung statt. Jede der drei Firmen entsandte dazu die wichtigsten Mitarbeiter aus den Entwicklungsteams, die über den Fortschritt der Arbeiten zu berichten hatten. Die Delegationen bestanden in der Regel aus 3 bis 5 Personen pro Firma. Einschließlich der CEOs handelte es sich also um insgesamt 15–20 Personen, die zwei Tage in Meetings saßen, häufig aus Übersee anreisen und sich tagelang vorbereiten mussten. Dabei konnten bis zu 10 Arbeitstage pro Person zu Buche schlagen. Derartige Meetings fraßen also ohne weiteres 150 oder 200 Arbeitstage von den Akteuren, die ohnehin eine Fülle von Entwicklungs- und Managementaufgaben um die Ohren hatten.

Wenn handelnde Personen, wie im Falle des Alliance Council in erster Linie den Interessen ihrer jeweiligen Kapital- bzw. Arbeitgeber verpflichtet sind, erschwert das die Diskussionen. Im Eifer des Gefechts kam es dann auch vor, dass die Grenzen eines geschäftsmäßigen Umgangs miteinander überschritten wurden und man zur Unterstützung der eigenen Position das Gewicht der Mutterfirma in die Waagschale warf. Das alles ist wenig hilfreich für die Vertrauensbildung und bringt eine durchaus drohende Komponente ins Spiel. Trotz gründlicher Vorbereitung aller Beteiligten verlies man diese Meetings deshalb häufig ziemlich frustriert und orientierungslos. Die nachfolgende Abstimmung der Protokolle dauerte lange. Nicht lösbare Konflikte wurden durch Formelkompromisse zugeschüttet. Als operative Handlungsanweisung waren sie deshalb nur bedingt zu gebrauchen.

Mit Inkrafttreten der Allianz hatte sich die Entwicklungszielstellung verändert, ohne dass es tatsächlich im Bewusstsein der Entwicklungsorganisationen angekommen war. Kreative Atmosphäre, flache Hierarchien, ein junges Entwicklungsteam und reichliche Mittelverfügbarkeit hatten in den Vorjahren die Technologieführerschaft begründet. Bisher waren in schneller Folge Technologieträger vorgestellt und demonstriert worden, die erhebliche Leistungssprünge zeigten. Die Technologie war jedoch tatsächlich noch weit entfernt von den Eigenschaften, die für Serienfahrzeuge notwendig sind. Es mangelte an Robustheit. Wir waren noch ein ganzes Stück von den Lebensdauerzielen entfernt. Trotz großer Fortschritte in der Leistungsdichte war das Fahrzeugsystem für die üblichen Einbauanforderungen immer noch eine Herausforderung. Nicht zuletzt war der Materialaufwand, die Teileanzahl und die Konstruktion noch weit von den Zielkosten entfernt. Jetzt sollte die Technologie fahrzeugfähig werden. Die Fahrzeughersteller verlangten, die Entwicklung stärker an diesen Forderungen auszurichten, ohne ausreichend zu klären, was das im Einzelnen bedeutete und welche Folgerungen daraus abzuleiten waren.

In dieser Zeit erhielten wir eine wachsende Anzahl von Anfragen für Demonstrationsprojekte aus allen möglichen Bereichen der Industrie. Das Interesse an der Brennstoffzelle war riesengroß. Kaum eine Anfrage wurde abgelehnt. Die Mannschaft war gierig auf Themen. Die Budgetverfügbarkeit ging scheinbar gegen unendlich, weshalb es kaum Grenzen für die Übernahme neuer Projekte gab. Falls nötig, wurde schnell ein Betrag locker gemacht, der dem Preis eines McLaren F1 entspricht, um ein interessantes Projekt zu finanzieren. Das führte zu einem bunten Strauß an Technologiethemen und Projekten, die alle gleichzeitig bearbeitet wurden. Wer, wie ich, aus einem mittelständischen Unternehmen kam, konnte ob solcher Lässigkeit beim Umgang mit den Ressourcen nur staunen.

Vor Übernahme solcher Projekte erfolgte in der Regel eine Ressourcenanalyse. Die zugrunde gelegten Annahmen wurden jedoch häufig von der Realität überholt. Sei es wegen zu optimistischer Annahmen oder unvorhergesehenen Schwierigkeiten oder einer Kombination aus beiden. Interessante Projekte wurden ohnehin nicht abgelehnt. Deshalb war die Ressourcensituation bereits im Normalfall angespannt. Kam es dann zu Engpässen oder zusätzlichen Aufwänden in einem Projekt, was bei Entwicklungen eher die Regel als die Ausnahme ist, wurde auf personelle und finanzielle Ressourcen anderer Projekte zurückgegriffen, was einen Domino-Effekt nach sich zog. Möglich war das, weil die Funktionalorganisation die Budgetverantwortung für alle Entwicklungsprojekte hatte. Das strategische Fahrzeugentwicklungsprogramm für DaimlerChrysler und Ford, für das die hunderte von Millionen Dollar aus der Beteiligung gedacht waren, wurde bis zum Jahr 2001 beim Ressourcenmanagement wie eines dieser Projekte behandelt und unterlag paradoxerweise den gleichen Rahmenbedingungen. Man kann sich leicht vorstellen, dass planmäßige Entwicklungsarbeit unter solchen Bedingungen eine Herausforderung darstellt.

Hinzu kam, dass in dieser frühen Phase Brennstoffzellen-Systeme und Komponenten für zwei unterschiedliche Kraftstoffe, Methanol und Wasserstoff, entwickelt werden mussten, die sich deutlich voneinander unterschieden. Für die zweigleisige Entwicklung gab es, wie bereits geschildert wurde, gewichtige Gründe. Eine Richtungsentscheidung zugunsten eines favorisierten Kraftstoffs war in der global agierenden Industrie noch nicht getroffen worden. Aus unserer Sicht sprach vieles dafür, auf einen flüssigen Kraftstoff zu setzen, da er wesentliche Vorteile hinsichtlich der Fahrzeugintegration (keine großen, zylinderförmigen Gastanks), der Betankung und der Infrastrukturanforderungen hatte. Nachteil war die technische Herausforderung der chemischen Umwandlung in ein wasserstoffreiches Gas an Bord des Fahrzeugs. Deshalb setzten viele Fahrzeughersteller ausschließlich auf den Einsatz von Wasserstoff, den man direkt aus der chemischen Industrie beziehen konnte. Der gravierende Nachteil dieses Konzepts war, und ist bis heute, die aufwendige Druckspeicherung an Bord des Fahrzeugs sowie der Bedarf für eine komplett neue Betankungstechnik und Infrastruktur.

Viele Akteure der Allianz hielten die Wasserstoff-Diskussion aufgrund der exzellenten Fortschritte in der Entwicklung der Reformertechnologie noch im Jahr 2000 für überflüssig. Es gab Gründe anzunehmen, dass die Diskussion zu den angeblichen Nachteilen von Methanol und den Vorteilen von Wasserstoff durch Wettbewerber inszeniert war. Aus damaliger Sicht, in der das Thema CO_2 als Treibhausgas in der öffentlichen Diskussion noch keine Rolle spielte, bewerteten wir die Herausforderungen für die Entwicklung einer komplett neuen Infrastruktur in allen Dimensionen wesentlich kritischer als die Entwicklung und Umstellung auf Methanol. Aus unserer Sicht handelte es sich um eine Verzögerungstaktik und wir fassten die Diskussion unter dem ironischen Motto zusammen: „Wasserstoff ist der Kraftstoff der Zukunft und wird es immer bleiben."

Ganz unrecht hatten wir damit nicht, wenn man sich die Geschichte der letzten 20 Jahre vor Augen hält. Es dauerte viele Jahre bis in Deutschland wenigstens einige Dutzend Wasserstoff-Tankstellen errichtet waren. Im Jahr 2020 gab es noch keine hundert Tankstellen. Um einen breiten Marktstart zu unterstützen, werden jedoch mindestens einige hundert benötigt. Die Entwicklung der neuen Betankungstechnik brauchte sehr lange, bis ein ausreichender Reifegrad erreicht wurde, auch weil es zunächst nur wenige Anbieter gab. Neue Sicherheitsanforderungen mussten beim Bau der Tankstellen und dem Betankungsvorgang berücksichtigt werden. Die Kosten der Betankungstechnik waren am Anfang extrem hoch. Eine Tankstelle konnte durchaus zwei Millionen Euro kosten. Auch heute und auf Dauer liegen die Kosten der Betankungstechnik deutlich höher als für flüssige Kraftstoffe und werden sich vermutlich erst im Laufe der Zeit auf dem Niveau anderer gasförmiger Kraftstoffe einpegeln. Dieser sehr mühsame Fortschritt eignete sich lange Zeit als hervorragendes Argument, die Technologieeinführung zu verzögern und bildete, wenn man so will, die Sollbruchstelle für die Kommerzialisierung. Ob und wie man eine solche Situation vermeiden kann, darauf kommen wir im Strategie-Kapitel 4 zurück.

Die Entwicklung der Wasserstoff-Systeme für unsere Fahrzeuge erfolgte im kalifornischen Poway/San Diego, wo XcellSys eine Niederlassung unterhielt. Die deutschen Entwickler, die zu diesem Zeitpunkt noch voll auf Methanol setzten, betrachteten Poway als das ungeliebte Stiefkind. Die Entwicklung der Methanol-Systemtechnik dagegen fand in Nabern/Kirchheim statt und wurde naturgemäß dort präferiert. Die Entwicklung der Brennstoffzelle, die sich für beide Anwendungen deutlich unterschied, erfolgte in Vancouver und in Kirchheim/Teck. Die parallele System-Entwicklung in Kirchheim und Poway schuf eine Konkurrenzsituation im Unternehmen, die durch die Lagerbildung zum Kraftstoff noch befeuert wurde. Profilierungsversuche der jeweils Verantwortlichen waren deshalb keine Seltenheit und führten zu Reibungsverlusten. Mögliche Synergien in der Entwicklung wurden kaum betrachtet und noch weniger genutzt. Die Systemtechnik wurde so in zwei Parallelwelten entwickelt und hatte kaum Gemeinsamkeiten. Die Entwicklungsteams wurden dadurch mit einer schwer überschaubaren Zahl technischer Fragestellungen überrollt und waren daneben für eine Vielzahl von Projekten zuständig, die, häufig selbst verschuldet, aus mehr oder weniger guten Gründen parallel abgewickelt wurden. Die Entwicklung an drei Standorten verursachte aufwendige und zeitraubende Abstimmungsprozesse, was schon für sich allein betrachtet eine erhebliche Herausforderung darstellt.

Die Folge war eine Fragmentierung der Management- und Entwicklungsressourcen und eine unzureichende Kontrolle des Gesamtentwicklungsprozesses. Die Planung und das Monitoring des strategischen Fahrzeugentwicklungsprogramms, die bei einer hochkomplexen Entwicklungsaufgabe wie dieser kritisch sind, standen subjektiv und objektiv in gleicher Reihe mit einer Vielzahl anderer Projekte, die in Wirklichkeit nicht annähernd die gleiche Bedeutung hatten. Die Folge war, dass vereinbarte Entwicklungsziele nicht erreicht wurden und was noch schlimmer war, das Bewusstsein in der Entwicklungsmannschaft und in Teilen des Managements dafür fehlte, dass das ein ernstzunehmendes Problem war. Bis dahin war die Breite und Vielfalt von Technologieansätzen, die Kreativität und Technikverliebtheit der jungen Ingenieure ein wesentliches Element der Innovationskraft und der gewünschte „modus operandi" gewesen. Mit zunehmender Produktorientierung im Rahmen des Fahrzeugprogramms erwies sich diese Haltung und die fehlende Reife der sie begünstigenden Organisationsform als ein gravierendes Defizit.

Exemplarisch dafür waren unzählige Meetings mit einer ausufernden Anzahl an Teilnehmern, unklarer Zielstellung und wenigen oder keinen Festlegungen. Die Diskussionen hangelten sich „basisdemokratisch" an vage formulierten Fragestellungen entlang, die eher den Charakter eines Brainstormings, als den eines operativen Arbeitsmeetings hatten. Infolge Unerfahrenheit wurde nicht selten eine klare Positionierung der Verantwortlichen aus Rücksichtnahme auf andere Positionen vermieden. Die Besprechungen begannen stets verspätet. In der Regel verstrichen 15–20 min, bis sich alle Teilnehmer eingefunden hatten. Begann man vorher, war es üblich, das Besprochene, z. T. mehrfach, zu wiederholen. Es war außerdem „normal", Meetings wegen eingehender Anrufe auf dem Mobiltelefon zu verlassen oder am Laptop andere Themen zu bearbeiten. Die Teilnahme wurde gern auch als Nachweis der eigenen Bedeutung verstanden. Es fehlte an Disziplin und es fehlte am Bewusstsein für den effizienten Umgang mit Zeit. Das war allerdings nicht schuld der jungen Entwickler, sondern Ergebnis fehlender Schwerpunktsetzung und struktureller Defizite der Gesamtorganisation.

Eine große Herausforderung waren Telefonkonferenzen mit den amerikanischen oder kanadischen Kollegen. Telefonate in einer Fremdsprache zu hochkomplexen Sachverhalten verursachen regelmäßig unabsichtliche Kollateralschäden, weil die eine oder andere sprachliche Nuance verlorengeht oder falsch interpretiert wird. Vorbereitung und Struktur der Konferenzen waren ähnlich unzulänglich wie in anderen Meetings, sodass solche Telefonate häufig zwei oder drei Stunden dauerten und wenig Substanz erzeugten. Aufgrund der Zeitverschiebung von 9 h begannen sie selten vor 17 Uhr, d. h. am Ende eines durchaus intensiven Arbeitstags in Deutschland. Wenn man sich pünktlich einwählte, herrschte auf der Gegenseite meist absolute Stille, bis sich einer nach dem anderen einwählte und das Telefonat nach einer ewig langen Vorlaufzeit endlich begann. Ein texanischer Kollege brachte das einmal originell auf den Punkt: „You know, what the challenge is in the beginning of Ballard meetings? The loneliness."[3]

---

[3] Sinngemäß: Weißt Du, was das Problem zu Beginn von Ballard-Meetings ist? Die Einsamkeit!

Die Marketingstrategie der Allianz verfolgte das Ziel, auch andere potenzielle Kunden im Fahrzeugsektor zu gewinnen, um die Akzeptanz für die Technologie zu erhöhen und daraus ein Moment zu erzeugen, das die Kommerzialisierung voranbrachte. So war es in den Allianzverträgen hinterlegt und es klang plausibel. Es lag allerdings auch auf der Hand, dass aus dieser Strategie Reibungsflächen mit den beiden Fahrzeugherstellern entstehen mussten, die große Teile der Entwicklung bei Ballard finanzierten. Schon bei Abfassung der Verträge hatten sie sich nur widerwillig damit einverstanden erklärt, die von ihnen finanzierte Technologie Dritten zugänglich zu machen. Ballard hatte sich jedoch in den Verhandlungen durchgesetzt und war motiviert, diese Diskussion durchzufechten.

Die Praxis sah so aus, dass eingehende Anfragen anderer Automobilhersteller in einem Memorandum stichwortartig beschrieben und zur internen Freigabe an die beiden Autohersteller weitergeleitet wurden. Der damalige Entwicklungsvorstand von Daimler-Chrysler musste über einen Geschäftsvorgang befinden, bei dem es um die Lieferung und Integration einer einzigen Brennstoffzelle für einen Demonstrator ging. Ähnlich lief es bei Ford. Nicht selten fanden diese Diskussionen auch noch ihren Weg in den Alliance Council. Die Fahrzeughersteller wollten ihre Technologie schützen und Ballard wollte sie möglichst breit vermarkten. Kaum etwas hatte mehr Einfluss auf den Aktienkurs von Ballard als Marketingerfolge. Das Ballard-Management kämpfte deshalb erbittert um jedes Projekt und hatte dabei die Allianzverträge auf seiner Seite. Meistens gewannen sie diese Schlachten, aber sie hinterließen verbrannte Erde. Die Fahrzeughersteller fühlten sich düpiert und ausgenutzt. Die Diskussionen waren kräftezehrend und alle fühlten sich von der Gegenseite nicht ernst genommen. Was in den Verträgen sinnvoll und plausibel klang, erwies sich im richtigen Leben als ein zäher unerfreulicher Vorgang, der lange Reaktionszeiten und viele Reibungsverluste nach sich zog und wenig von der gewünschten und benötigten Dynamik übrigließ. Die Beteiligung der Fahrzeughersteller an Ballard stellte für andere Automobilfirmen ein Hindernis zur Zusammenarbeit dar. Sie befürchteten Risiken für die Vertraulichkeit und Einflussnahme auf geschäftliche Entscheidungen. Wie wir gesehen haben, waren diese Bedenken trotz bester Absichten der Beteiligten nicht vollkommen unbegründet.

Die widerstrebende Interessenlage führte auch zu vertrauensschädigenden Aktionen. Vorstände in Vancouver versuchten ohne Abstimmung mit den beiden Allianz-Partnern Entwicklungsprogramme mit anderen europäischen Automobilfirmen zu vereinbaren. Was das bedeutete, war unschwer zu verstehen: Es lief auf einen Technologietransfer zulasten der anderen beiden Allianz-Partner hinaus. Das Vorhaben sickerte auf unbekanntem Weg durch und führte zu den erwartbaren Reaktionen. Die geschilderten Interessenkonflikte führten bei Ballard zu Überlegungen, Vertrieb und Marketing wieder eigenständig, ohne Beteiligung der Allianz-Partner durchzuführen, um ähnlichen Konflikten zukünftig aus dem Weg gehen zu können.

Die Komplexität der Allianz-Strukturen und die Probleme in ihrer Arbeitsweise absorbierten viel Kraft und Zeit. Trotzdem ging die Technologieentwicklung in großem

Abb. 2.6 Entwicklung der Leistungsdichte von Necar1 bis Necar4 anhand der schematischen Einbausituation; Bild Quelle Daimler AG, alle Rechte vorbehalten

Tempo weiter. 1998 wurde Necar4 (siehe Abb. 2.6), eine A-Klasse mit einem 75 kW-H_2-System, vorgestellt. Es war das erste Fahrzeug, in dem das komplette Brennstoff-zellen-System im Unterboden eines Kompaktwagens eingebaut war, ohne zusätzlichen Platz im Fahrzeuginnenraum zu belegen. Dieser Prototyp erreichte mit einem 2,5kg – 300 bar – H_2-Tank (heute sind 5–7 kg bei 700 bar für einen PKW üblich) damals immer-hin eine Reichweite von 180 km und eine Spitzengeschwindigkeit von 145 km/h.

Im Jahr 2000 wurde Necar5, ebenfalls eine A-Klasse, vorgestellt, die einen weiteren Quanten-sprung der Entwicklung sowohl der Brennstoffzellen-Technologie als auch des Gaserzeugungs-systems zur Reformierung von Methanol bedeutete. Gegenüber Necar3 hatte sich das Volumen des Reformersystems von 225 l auf 110 l verringert, d. h. mehr als halbiert und hatte nur noch die Größe eines Reisekoffers (siehe Abb. 2.7). Das Fahrzeug hatte eine Brutto-Leistung von 75 kW und brachte immerhin 58 kW Netto-Antriebsleistung an die Räder. Es hatte eine Reichweite von 200 km und eine Höchstgeschwindigkeit von 150 km/h. Auch hier passte die gesamte Einheit bereits in den Unterboden des Fahrzeugs.

Wenig später, im Juli 2001, wurde der Sprinter F-Cell mit einem 75 kW-Wasserstoff-system vorgestellt (siehe Abb. 2.8), der im Auftrag des Hermes Versand Service auf-gebaut worden war. Auch in diesem Fall war das komplette System einschließlich mehrerer H_2-Tanks im Unterboden verbaut und zeigte das Potenzial des Einsatzes mit leichten Nutzfahrzeugen. Parallel wurden immer wieder Ford-Fahrzeuge wie der P2000 und der Ford Focus FCV vorgestellt, ein Fahrzeug von Mazda wurde ausgerüstet und auch ein Nissan Tino.

Im Jahr 1999 hatte Ballard Automotive Anbahnungen mit insgesamt 30 verschiedenen Interessenten. Unter ihnen waren Automobilfirmen, Bushersteller und Verkehrsbetriebe in den USA, Canada und Europa. Wir verhandelten zu Gabelstaplern, über Bord-stromversorgung für schwere Nutzfahrzeuge, Wohnmobile und Transporter. Viele der Anbahnungen waren erfolgreich und führten zu frühen Demonstrationsprojekten in den verschiedensten Anwendungen und Märkten. Die Aufzählung zeigt die Vielfalt der Themen, mit denen wir uns beschäftigten. Das Interesse war überwältigend und die Allianz stand im Zentrum des Interesses.

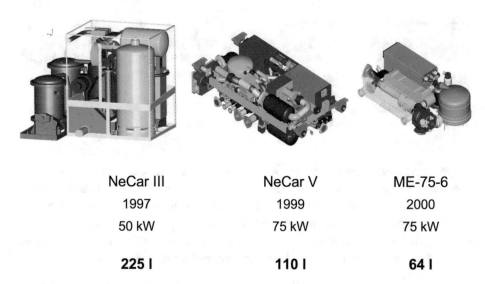

NeCar III	NeCar V	ME-75-6
1997	1999	2000
50 kW	75 kW	75 kW
225 l	**110 l**	**64 l**

Abb. 2.7 Entwicklungsfortschritt des Reformersystems von Necar3 bis ME-75–6; Bild Quelle Daimler AG, alle Rechte vorbehalten

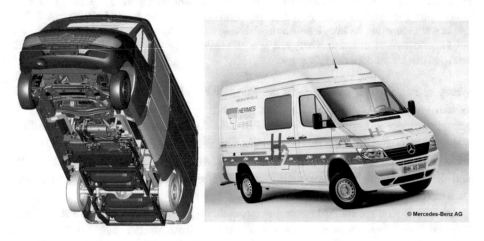

Abb. 2.8 Packaging des Hermes-Sprinter und Außenansicht des Fahrzeugs; Quelle Daimler AG, alle Rechte vorbehalten

Nicht so sichtbar, aber auf die Zukunft gerichtet, liefen zeitgleich die Entwicklungsarbeiten für das erste PKW-Flottendemonstrationsprogramm, das zunächst „Go Fast" hieß und später in „HyWay1" umbenannt wurde. Die XcellSys-Niederlassung in Vancouver entwickelte eine neue Generation von Bus-Antrieben mit etwas mehr als 200 kW Antriebsleistung. Eine 5-kW-Bordstromversorgung für Schwerlast-LKW war in der Planung und eine Vielzahl anderer Themen wurden mehr oder weniger intensiv bearbeitet. So manche Firma wäre stolz gewesen, hätte sie nur eines der Themen auf der Agenda gehabt und erfolgreich zu Ende gebracht.

Es gab deshalb eigentlich wenig Grund zu Pessimismus. Die Allianz war bis dahin eine eindrucksvolle Erfolgsgeschichte. Das trotzdem vorhandene Unbehagen hatte andere Gründe. Die Organisation befand sich in einer Umbruchphase, die bis dahin weder genau beschrieben noch artikuliert worden war. Die Anforderungen der Fahrzeugentwicklungsprogramme bezüglich Qualität, Termineinhaltung, Budgetdisziplin und Schnittstellenkommunikation hatten noch keine organisatorische Antwort erhalten. Die improvisierende, innovative Arbeitsweise, das schöpferische Chaos der ersten Jahre erwies sich dafür als zunehmend ungeeignet. Die Vielzahl der Themen erzeugte reihenweise Zielkonflikte, die nicht gelöst wurden. Meilensteine des Fahrzeugprogramms wurden nicht oder deutlich später erfüllt als vereinbart. In der Allianz prallten vermehrt unterschiedliche strategische Ambitionen der Partner aufeinander, die eine konstruktive Zusammenarbeit erschwerten und einer Lösung harrten.

Restrukturierung oder „The Power of One"[4]
Die Allianz hatte im Jahr 2001 eine Vielzahl organisatorischer, operativer und strategischer Schwierigkeiten. Gleichzeitig fand ein rasantes Wachstum auf bis zu 1.500 Mitarbeiter statt, um die wachsende Zahl von Aufgaben und Themen bearbeiten zu können. Auch das Umfeld wurde schwieriger. Die Terroranschläge in New York und das Platzen der Dot.com-Blase hinterließen tiefe Spuren in der Weltwirtschaft.

Um den Diskussionen in der Allianz eine konstruktivere Richtung zu geben, wurde die Position eines Alliance Secretary geschaffen, der tatsächlich Einiges zum Besseren änderte. Die Entflechtung des Marketings, die durch Ballard betrieben worden war, sorgte ebenfalls für Erleichterung unter den Partnern, weil zeitraubende Abstimmungsprozesse entfielen. Die tieferliegenden Konflikte schwelten jedoch weiter, denn keines der grundlegenden organisatorischen, operativen oder strategischen Probleme war damit tatsächlich gelöst worden. Trotz der atmosphärischen Verbesserungen wurde zunehmend klar, dass die bis dahin ergriffenen Maßnahmen nicht ausreichten und weitergehende organisatorische und strategische Änderungen nötig waren.

Das Projekt zur Neuordnung der Allianz bekam den schönen Doppelnamen „Strength-Kansas". Heerscharen von M&A-Leuten, Anwälten und Controllern arbeiteten sich durch die relevanten Themen begleitet von monatelangen Verhandlungen im Alliance Council. Am 1. Dezember 2001 übernahm Ballard 100 % von XcellSys und EcoStar. Die Übernahme war eingebettet in einen 20-jährigen Allianz-Vertrag. Ballard sollte eine zentralere Rolle in der Allianz bekommen und das gesamte operative Geschäft kontrollieren. Die beiden Auto-Hersteller erhöhten im Gegenzug ihre Beteiligung an Ballard, um mehr strategische Kontrolle ausüben zu können. Die Absicht dahinter war, die Führungsstruktur zu vereinfachen und vor allem Interessenkonflikte zwischen den

---

[4] Sinngemäß: Die Stärke des Einen.

Allianzpartnern zu verringern. Ballard hatte allerdings in den Verhandlungen verhindert, dass die beiden Automobilfirmen eine Kapitalmehrheit übernehmen konnten, die ihnen erlaubt hätte, gewünschte Entscheidungen auch tatsächlich durchzusetzen.

XcellSys wurde zu Ballard Power Systems AG und war für die Entwicklung und das Marketing von Fahrzeugsystemen verantwortlich. Ballard Vancouver blieb weiterhin allein für die Stack-Entwicklung zuständig, hatte intern die Rolle eines Zulieferers, behielt aber das Recht, Brennstoffzellen-Stacks außerhalb der Allianz zu vermarkten. Die Entwicklung der E-Antriebe nahm, wie bereits vorher, eine gewisse Sonderrolle ein, indem sie weder in die Wertschöpfungskette des Brennstoffzellen-Systems direkt integriert war, noch relevante Schnittstellen mit den Entwicklungen in Vancouver und Nabern hatte. De facto hatte sich gar nicht so viel verändert. Auch im Projekthaus gab es einen Führungswechsel. Andreas Truckenbrodt wurde als Nachfolger von Ferdinand Panik eingesetzt. Ich wurde im November 2001 zum Vice President Sales, Marketing and Programs ernannt und erhielt die Verantwortung für die Neuordnung des Fahrzeugentwicklungsprogramms.

Ballard begleitete die Reorganisation mit einer PR-Kampagne unter dem lakonischen Motto: „The Power of One". Der Slogan war ein Paradox. Gewöhnlich entsteht Stärke aus der sinnvollen Kombination von Kräften. Den Satz konnte man auch anders verstehen. Er setzte auf die Stärke des Einen und stellte sie in den Mittelpunkt der Kampagne. Wenn man sich vor Augen hält, welche Partner Ballard hatte, war das schon eine seltsame Überlegung. Die Formulierung war jedoch so einfach und suggestiv, dass man sich ihrer Wirkung nicht entziehen konnte. Es war eine Demonstration der Kraft des Marketings.

Eine meiner ersten Aktionen in meiner neuen Rolle war ein Besuch bei Ford in Dearborn. Ford war seit geraumer Zeit unzufrieden mit der Führung des Fahrzeugprogramms und der damit verbundenen Kommunikation. Mein Gesprächspartner war der Ford-Programmleiter, ein Manager alten Schlags. Es war für ihn nicht tolerabel, dass Programmziele immer wieder verfehlt wurden und der Informationsfluss nicht funktionierte. Unser Gespräch begann deshalb kühl und distanziert, wechselte jedoch in kurzer Zeit in einen intensiven Dialog. Unsere Analysen zum Status Quo ähnelten sich und wir hatten gleiche Vorstellungen davon, was zu tun war. Ein ähnlich schwieriges Thema des Gesprächs war die Verlagerung der Entwicklungsaktivitäten von Poway nach Kirchheim, da Poway aus Kostengründen geschlossen werden sollte. Ford verlangte als Voraussetzung für ihre Zustimmung, das Re-Engineering auf ein Minimum zu beschränken, um erneute Programmverzögerungen zu vermeiden. Ich war mit dieser Forderung einverstanden und wir einigten uns auch zu diesem Punkt.

Etwa zeitgleich fand ein Workshop des Ballard Board of Directors mit einer Unternehmensberatung in London statt. Die Berater sollten das technische und kommerzielle Potential der Firma beleuchten. Ballard hatte als Gruppe im Jahr 2001 noch einen dreistelligen Millionenbetrag „verbrannt". Am Ende des Jahres 2002 lag die „burn rate" (Mittelverbrauch) trotz Kostensenkung immer noch in einer ähnlichen Größenordnung. Aus ihrer Marktanalyse folgerten die Berater, dass in den kommenden 10 Jahren nicht mit einem Markt für Transportanwendungen gerechnet werden konnte und alle diesbezüglichen Umsatzprojektionen kassiert werden mussten. Das Ergebnis der Analyse war demgemäß beunruhigend. Sie stellten fest, dass bei Fortsetzung dieses Mittelverbrauchs die weitere Finanzierung der Firma ab spätestens 2005 nicht mehr gesichert war. Die daraus resultierende Implikation lautete, dass die Fahrzeughersteller entweder bereit sein mussten, die Fahrzeugentwicklung über strategische Investments zu finanzieren oder sie musste beendet werden.

Eines der zentralen Ziele der Reorganisation bestand deshalb darin, den jährlichen Mittelverbrauch bis 2005 deutlich zu drücken, um die Überlebensfähigkeit des Unternehmens zu stärken. Dazu sollten die Betriebsausgaben und die Anzahl der Mitarbeiter um 25–35 % pro Jahr reduziert und der Eigenkapitalverbrauch insgesamt auf die Hälfte reduziert werden. Gleichzeitig musste ein Weg gefunden werden, das Fahrzeugentwicklungsprogramm durch strategische Investments der beiden Auto-Hersteller zu finanzieren, weil sonst alle Anstrengungen zur Reduzierung des Cash-Burn ins Leere laufen würden.

Mitte 2002 setzten wir einen Programm-Manager für das HyWay-Fahrzeugprogramm ein, der ein kleines Team zur Unterstützung bekam. Alle Programmentscheidungen sollten von da an ausschließlich durch das Programmmanagement in Abstimmung mit, aber nicht mehr durch das Funktionalmanagement getroffen werden. Ein zweiter entscheidender Schritt war die Einsetzung von Kern-Teams für die Stack- und Systementwicklung, d. h. zugesicherten Entwicklungsressourcen, die innerhalb des Programms unter eine einheitliche technische Leitung gestellt wurden. Der Budgetprozess wurde auf neue Füße gestellt und wesentlich enger mit den Entwicklungszielen verknüpft. Dieser sogenannte E, D & T-Prozess (Engineering, Development & Test) bildete die Grundlage für unsere Programm- und Zahlungsmeilensteine gegenüber den beiden Fahrzeugherstellern.

Ballard gelang es im Dezember 2002 eine Investorengruppe davon zu überzeugen, weitere 100 Mio. US-$ in die Firma zu investieren. Damit war ein finanzielles Polster geschaffen worden, um die beschlossenen Maßnahmen umzusetzen und mittelfristig in besseres Fahrwasser zu gelangen. Schon für 2003 wurde das ambitionierte Ziel ausgegeben, die operativen Kosten einschließlich der noch anfallenden Restrukturierungskosten um mehr als 50 % gegenüber 2002 zu reduzieren.

Am 1.1.2003 wurde ich zum CEO der Ballard Power Systems AG, der deutschen Tochter der kanadischen Ballard Power Systems Inc. berufen. Am 31.3.2003 trat Dennis Campell sein Amt als neuer President und Chief Operating Officer von Ballard an. Kurz nach seiner Amtsübernahme wurde ein Budget-Review in Nabern angesetzt. Unsere Aufgabe lautete, noch für das laufende Jahr eine 20-%ige Budgetreduzierung zu erreichen.

In den Vorbereitungen mit den Entwicklungsabteilungen stießen wir auf einige Ungereimtheiten. Wir wussten aus den regelmäßigen Statusberichten, dass die geplanten Entwicklungskosten für das Fahrzeugprogramm regelmäßig unterschritten wurden. Während der Analysen stießen wir auf mehrere Ursachen: Risiken aus unvorhergesehenen

Ereignissen, die in einer Entwicklung immer auftreten, waren kaum berücksichtigt. Die Verfügbarkeit der Mitarbeiter für direkte Entwicklungsleistungen war zu hoch angesetzt. Jede Abteilung hatte Budgetreserven eingestellt, um für „Eventualitäten" gerüstet zu sein. Die budgetierte Entwicklungsleistung war deshalb unrealistisch hoch und konnte in der Realität, selbst wenn alles glatt lief, nie erreicht werden. Aus Sicht der Entwickler war das wichtigste Ziel Budgetverfügbarkeit. Aus Unternehmenssicht ging es aber darum, den geplanten Umsatz zu generieren und dafür eine möglichst realistische Vorschau zu entwickeln.

Es gelang uns, in den Vorbereitungen, die 20-%-Zielmarke zu erreichen, ohne Abstriche an den tatsächlich benötigten Entwicklungsbudgets machen zu müssen. Aus den Analysen zogen wir grundsätzliche Folgerungen für den zukünftigen Budgetprozess mit dem Ergebnis, dass unsere Umsatzvorhersagen wesentlich präziser wurden und häufig sogar Punktlandungen gelangen.

Kurz nach Einführung der neuen Organisation brachte Ballard erneut eine Änderung auf den Weg: Anstelle der bisherigen divisionalen Struktur wurde eine funktionale Struktur mit direkten Berichtslinien nach Vancouver installiert. Ziel war es, den Durchgriff auf die Entscheidungen in Nabern sicherzustellen. Trotz der erkennbaren Absicht gab es keine Intervention der Auto-Hersteller. Das gerade eingeführte Modell der Entwicklungs-Core-Teams mit einheitlicher technischer Leitung des Fahrzeugprogramms wurde durch die neuen Berichtslinien ausgehebelt und hörte bereits nach wenigen Monaten de facto auf zu existieren.

Etwa zur gleichen Zeit beendeten wir nach langen internen Auseinandersetzungen die Entwicklungsaktivitäten zur Methanol-Reformierung. Wir hatten entscheidende Durchbrüche in der Reformertechnologie und inzwischen auch eine fahrzeugkompatible Leistungsdichte erreicht. Das Systemkonzept um den flüssigen Kraftstoff Methanol war Teil der ursprünglichen Gründungsvision der Brennstoffzellen-Entwicklung gewesen. Die Entscheidung war deshalb auch ein Abschied von dieser Vision und einem ganzen Jahrzehnt der Entwicklung. Die dazu angesetzte Mitarbeiterversammlung verlief entsprechend emotional und keiner der Anwesenden, mich eingeschlossen, konnte sich dem entziehen.

Die hohe Dynamik der Entwicklung war bis dahin ganz wesentlich von dieser Gründungsvision inspiriert. Das Team arbeitete voller Enthusiasmus mit der Überzeugung, dass sich der Einsatz lohnte. Jetzt wurde diese Überzeugung erstmals infrage gestellt, denn wir mussten zahlreichen Kollegen mitteilen, dass sie nicht mehr gebraucht wurden. Viele der Verbleibenden stellten sich die Frage, was als Nächstes kommen würde und wann sie selbst an die Reihe kämen, das Schiff zu verlassen. In den vielen Monaten seit Beginn der Integration in die Ballard-Organisation musste sich das Management um Job-Klassifikationen, neue Arbeitsverträge, Personalreduzierung, Budgetkürzung und darüber hinaus mit freiwilliger Fluktuation beschäftigen. Wir verhandelten ununterbrochen mit dem Betriebsrat und mussten den Kanadiern erklären, warum das notwendig war. Wir beschäftigten uns mit allem möglichen, jedoch kaum mit Technologie und Entwicklung.

Trotz der fordernden und zum Teil widrigen Umstände begann im zweiten Quartal 2003 der Rollout der Hyway1-Fahrzeuge für die Flottenerprobung von mehr als 100 A-Klasse-Fahrzeugen. Es war die erste Kleinserie von Brennstoffzellen-Fahrzeugen weltweit, ein gewaltiger Schritt nach vorn. Erstmals gingen Brennstoffzellen-Fahrzeuge in Kundenhand. Der Betrieb der Fahrzeugflotte verlangte ein anspruchsvolles Überwachungs- und Managementsystem, reaktionsschnellen Field Support und eine ausgefeilte Logistik, die wir Schritt für Schritt aufbauten. Das waren Aufgaben, die eigentlich volle Konzentration benötigt hätten. Aufgrund der geschilderten Rahmenbedingungen hatten wir jedoch viele andere Baustellen zu bearbeiten.

Auf Reorganisation folgt … – Reorganisation

Das Executive Management in Vancouver plante bereits den nächsten Schritt. Der E, D & T-Prozess war trotz der eingeführten Optimierungen ein aufwendiges und ressourcenzehrendes Verfahren. Das Programm beinhaltete ausschließlich Entwicklungsaufgaben für die beiden Fahrzeughersteller. Die Entwicklungsausgaben mussten im Idealfall mindestens drei Monate, regelmäßig aber deutlich länger vorfinanziert werden. Wenn die Entwicklungsziele nicht vollständig erreicht wurden, gab es Abschläge von den Zahlungen, die sich negativ auf den Umsatz und den verfügbaren Cash-Flow (Liquidität) auswirkten. Deshalb wurde die Forderung in den Raum gestellt, dass die Fahrzeughersteller auch die laufende Finanzierung der Entwicklung übernehmen sollten. Die Erkenntnis, dass das Fahrzeugprogramm auf viele Jahre hinaus keine substanziellen Umsätze im Markt generieren würde, hatte daran ursächlichen Anteil.

Nach schwierigen Diskussionen einigten sich Ballard und die beiden Fahrzeughersteller auf ein neues Konzept. DaimlerChrysler und Ford übernahmen ab Mitte 2003 die direkte und vollständige Finanzierung des Fahrzeugprogramms. Damit übernahmen sie de facto auch die Entscheidungshoheit zu allen Programmaspekten.

Wie zu erwarten war, generierte dieses System neue Konflikte und Widersprüche. Ballard Vancouver forderte, bei Entscheidungen weiterhin einbezogen zu werden, hatte sich jedoch durch die Änderung des Finanzierungskonzepts die materielle Basis dafür entzogen. Schon seit geraumer Zeit waren Verhandlungen über ein Nachfolgeprogramm von HyWay 1 geführt worden, die jetzt ins Stocken gerieten. Ballard wollte vor der Programmfreigabe keine Mittelbindung mehr akzeptieren. Die Fahrzeughersteller hatten ihre Strategie noch nicht festgelegt und hielten sich bedeckt. Die Folge war, dass wir als Systementwickler zwischen allen Stühlen saßen und eine Hängepartie begann. Wir mussten unsere Mannschaft sinnvoll beschäftigen, hatten aber noch keine technischen Vorgaben der Fahrzeughersteller. Vor allem aber mussten wir die Lehren aus dem HyWay1-Programm ziehen, das uns wichtige Erkenntnisse für die Weiterentwicklung der Technik gebracht hatte. Neben weiteren Leistungssteigerungen zählte dazu eine deutliche Erhöhung der Leistungsdichte, der Lebensdauer und der Robustheit. Wir benötigten ein neues Packaging-Konzept, das flexibler auf die Anforderungen der vorhandenen Fahrzeugbauräume angepasst werden konnte. Die Anzahl der Schnittstellen und Bauteile sollte verringert und das System deutlich vereinfacht werden.

In dieser Zeit wurde die Kommunikation zwischen Vancouver und Nabern immer schwieriger. Trotz der permanenten Unruhe durch viele Organisationsänderungen und hoher Belastung der Mannschaft verlangte das Executive Management einen weiteren Personalabbau. Ballard wollte zudem nicht akzeptieren, dass die Fahrzeughersteller inzwischen alle Budgetentscheidungen zum Fahrzeugprogramm selbständig trafen. Der Konflikt wurde dem Vorstand in Nabern angelastet. Das Klima war zu nehmend vergiftet. „The Power of One" erwies sich als ein Missverständnis mit desaströsen Folgen.

Am 17.9.2003 besuchte der damalige Daimler-Entwicklungsvorstand unseren Standort in Nabern. Bei dieser Gelegenheit setzte ich einige unmissverständliche Botschaften ab, um die Dringlichkeit einer Veränderung zu unterstreichen. Das Treffen hatte eine positive Resonanz und löste Überlegungen aus, die einige Zeit später zu konkreten Veränderungen führen sollten. Ende 2003 traten die Partner in Verhandlungen ein, um die gesamten Fahrzeugentwicklungsaktivitäten aus der kanadischen Firma herauszulösen und in die Organisation der Fahrzeughersteller einzugliedern. Wir erwarteten ein schnelles Ende der Hängepartie.

Wie bereits bei den vorherigen Reorganisationen wurden erneut Heerscharen von Anwälten, Controllern und M&A-Leuten beschäftigt. Der Abschluss der Verhandlungen sollte sich jedoch 18 Monate hinziehen und die Hängepartie setzte sich weiter fort. Die widersprüchlichen Erwartungen und Anforderungen beider Seiten unter einen Hut zu bringen, blieb ein andauernder und schwieriger Balance-Akt. Wir setzten alle Hoffnungen auf die neue Organisation.

Mitte 2005 war es dann so weit: Die neuen Eigentümer stellten ihre Pläne in einer Betriebsversammlung vor. Anschließend gab es einen kleinen Umtrunk auf dem Firmengelände. Die Stimmung war positiv und voller Erwartungen. Organisatorisch waren viele Mitarbeiter nach einer längeren Reise durch unterschiedliche Beteiligungsverhältnisse an ihren Ausgangspunkt heimgekehrt. Christian Mohrdieck übernahm die Leitung des Projekthauses bei Daimler und Scott Staley, den ich noch gut aus der XcellSys-Zeit kannte, übernahm die Leitung der Aktivitäten bei Ford. Für die neu gegründete NuCellSys GmbH setzte jeder der beiden Auto-Hersteller einen Geschäftsführer ein. Ich wurde als dritter Geschäftsführer bestellt. Durch die internen Berichtslinien war bereits zu Beginn der neuen Organisation wieder viel Politik im Spiel.

Kurze Zeit später begannen wir mit dem offiziellen Start der Entwicklungsarbeiten zum nächsten Fahrzeug-Programm. Die Zusammenarbeit mit den beiden Fahrzeugherstellern war zunächst durch Aufbruchsstimmung geprägt und verlief auf operativer Ebene weitestgehend konfliktfrei. Endlich mussten wir keine Interventionen mehr abwehren und konnten uns wenigstens für kurze Zeit auf die Entwicklungsziele konzentrieren.

Mitte 2006 legten beide Konzerne Sparprogramme auf. Eine Folge war, dass wir die Zahl unserer Mitarbeiter erneut deutlich reduzieren sollten, ohne an den Entwicklungsaufgaben Abstriche zu machen. Ich hielt die damalige Mitarbeiterzahl aufgrund der Erfahrungen der Vorjahre für angemessen und brachte das zum Ausdruck. Die Entscheidung auf Konzernebene war jedoch bereits gefallen. In gleichem Maße, wie die Mitarbeiterzahl verringert wurde, stieg dann die Zahl der externen Dienstleister. Unter dem Strich wurden keine Kosten gespart, sondern Aufwendungen nur aus einem Budget in ein anderes verschoben. Besonders besorgniserregend war, dass die externen Dienstleister einen hohen Anleitungs- und Kontrollaufwand bei unseren eigenen Mitarbeitern verursachten. Deren Zeitbudget für ihre eigentlichen Aufgaben wurde dadurch noch verringert, ganz zu schweigen von dem Motivationsverlust im Team. Es war eine typische Top-Down-Konzernmaßnahme, wie ich sie schon mehrfach vorher erlebt hatte. Wie üblich, wurde haufenweise Porzellan zerschlagen, um bestenfalls zweifelhafte Ziele zu erreichen.

Im selben Meeting wurde uns mitgeteilt, dass die Fahrzeughersteller beschlossen hatten, die Geschäftsentwicklung mit Kunden außerhalb der Allianz nicht weiterzuführen. Das kleine Applikations- und Marketing-Team hatte sehr erfolgreich gearbeitet und erheblich zu unserer damals ausgezeichneten internationalen Präsenz beigetragen. Auch wirtschaftlich waren die Aktivitäten ein Erfolg, denn aus den Projektumsätzen wurde ein erheblicher Netto-Kostenbeitrag erwirtschaftet. Auch in diesem Fall war die Entscheidung gesetzt. Die Mitarbeiter der Geschäftsentwicklung und des Applikation-Engineering Teams sollten andere Aufgaben übernehmen oder das Haus verlassen. Mein Vorschlag, diese Aktivitäten in ein Spin-off auszugründen, wurde mit dem Argument abgeschmettert, dann müsse man ja wieder komplizierte Verträge aufsetzen. Die Zeichen waren unmissverständlich. Der zwei Jahre früher begonnene Weg mit den Fahrzeugherstellern war auf eine administrative Schiene abgedriftet, die nur noch wenig mit den ursprünglichen Ambitionen zu tun hatte, aber inzwischen sehr viel mit Selbstachtung. Es war Zeit, die Reißleine zu ziehen und neue Wege zu gehen.

2.3   Erkenntnisse aus dieser Zeit, die von organisatorischen Themen geprägt war

Die frühe Technologieentwicklung der Brennstoffzelle bei Daimler und Ballard erzeugte enormen technologischen Fortschritt und überwand viele Hindernisse. Der Erfolg wurde möglich durch eine konsequent verfolgte strategische Vision, eine enthusiastische Entwicklungsmannschaft und eine ausgezeichnete Ressourcenausstattung. Mit der Präsentation des ersten, überzeugenden Fahrzeugkonzepts (Necar2) rückten die Forschungsaktivitäten zur Brennstoffzelle ins Rampenlicht der internationalen Automobilindustrie.

Der frühe und rasante Entwicklungsfortschritt belegte, dass das Potenzial der Brennstoffzelle in den anfänglichen Technologieanalysen richtig bewertet worden war. Die dynamische Entwicklung erzeugte ein starkes Moment und große Euphorie bei Investoren und industriellen Akteuren. Der Aktienkurs von Ballard kannte – wie bei vielen anderen Start-Ups im Neuen Markt – nur eine Richtung: steil nach oben und verschleierte lange Zeit, dass zwei der größten und erfolgreichsten Branchen der Welt, die Fahrzeughersteller mit ihren etablierten Verbrennungsmotoren und die Erdölgiganten, die Kraft- und Schmierstoffe dazu lieferten, diesen Wandel nicht so einfach mitmachen würden. Der für die Kommerzialisierung unerlässliche Strukturbruch des gesamten Umfelds und die daraus entstehenden Widerstände wurden unterschätzt. Erst 2002 reifte die Erkenntnis, dass mit einer schnellen Markteinführung nicht gerechnet werden konnte. Bis dahin war versäumt worden, eine umfassende Analyse der Marktbedingungen vorzunehmen und daraus eine schlüssige Gesamtstrategie für die Markteinführung zu entwickeln.

Für ein so großes Abenteuer schien es durchaus folgerichtig, schlagkräftige Akteure zusammenzubringen. Die Kooperation mit den beiden Autoherstellern verhalf Ballard zu einem großen strategischen Vorteil für die Entwicklung von Fahrzeugantrieben. Gleichzeitig entstanden Hindernisse für die breitere Vermarktung an andere Fahrzeughersteller, was zu massiven Interessenkonflikten zwischen den Partnern führte. Die kulturellen Unterschiede zwischen einem jungen Start-Up-Unternehmen aus Kanada, einem schwäbischen Konzern, der gerade versucht, zum globalen Spieler zu mutieren und einem konservativen, amerikanischen Automobilgiganten konnten nicht größer sein. Die Technologieentwicklung in dieser Allianz voranzutreiben, war deshalb eine große, schwer zu bewältigende Herausforderung.

Die organisatorische und örtliche Trennung der Entwicklung von Stack und System und eine fast unüberschaubare Vielfalt an Themen erzeugten eine Fragmentierung der Entwicklungsaktivitäten und zahllose Zielkonflikte. Das hatte komplexe Schnittstellen und hohen Managementaufwand zur Folge, wo das Gegenteil nötig gewesen wäre, um effiziente und schnelle Kommunikation zu ermöglichen, Synergien zu nutzen und pragmatisches Arbeiten an Konzepten zu ermöglichen. Das Erreichen der Entwicklungsziele wurde durch eine überkomplexe Organisation, strapaziöses Interessen- und Konfliktmanagement sowie häufige Änderungen der Besitzverhältnisse in stärkster Weise kompromittiert. Zahlreiche organisatorische Änderungen, die wenig mit der Entwicklung aber sehr viel mit Firmenpolitik zu tun hatten, waren die Folge.

Der für die Produktentwicklung nötige Mentalitätswechsel zu einem gut strukturierten und disziplinierten Entwicklungsprozess konnte nur langsam und gegen viele innere Widerstände umgesetzt werden. Die nötigen Konsolidierungsmaßnahmen infolge des langen, unkontrollierten Wachstums und des Wildwuchses bei Themen und Projekten wurden von firmenpolitischen Interessen beeinflusst, konzeptionell widersprüchlich umgesetzt, und verfehlten deshalb in weiten Teilen die beabsichtigte Wirkung.

Die reichliche Mittelverfügbarkeit erwies sich zudem als zweischneidiges Schwert. Einerseits sicherte sie den benötigten Mittelzufluss, um die hohen Kosten des Technologieentwicklungsprogramms überhaupt stemmen zu können. Gleichzeitig wurden viele der Mittel für eine Diversifizierungsstrategie eingesetzt, die die Industrialisierungsziele der Autohersteller kompromittierte. Der zwingend nötige interne Industrialisierungsprozess wurde nicht mit gleicher Nachhaltigkeit verfolgt. Das führte zu einer suboptimalen Nutzung des vorhandenen Potentials, Vertrauensverlust zwischen den Partnern und Schäden für die Glaubwürdigkeit nach innen und außen.

Die ursprüngliche Priorisierung auf den flüssigen Kraftstoff Methanol und die zunächst überwiegend ingenieur-technische Betrachtung des Themas Infrastruktur führten zu einer Unterschätzung der nötigen industriellen Änderungsprozesse und der daraus entstehenden Risiken. Trotz früher und intensiver Abstimmungsprozesse in der Automobilindustrie und mit der Mineralölindustrie gelang es nicht, eine Vereinbarung zugunsten von Methanol zu erreichen. Kraftstoff und Infrastruktur entwickelten sich damit zu einem Risiko für die Gesamtentwicklung, das auch nach späterer Festlegung auf Wasserstoff eine der größten systemischen Hürden für die Kommerzialisierung werden sollte. Trotz vielfältiger Initiativen gelang es nicht, eine tragfähige Strategie zur Überwindung der externen Risiken zu entwickeln.

Unsere Erfahrungen zeigen exemplarisch, dass Großunternehmen trotz oder gerade wegen großer Kapitalkraft und Marktmacht kein geeignetes Umfeld für die Entwicklung disruptiver Innovationen sind. Die ihnen eigene organisatorische und firmenpolitische Komplexität errichtet massive Hindernisse für die freie Entfaltung von Ideen und Aktivitäten, schnelles und effizientes Entscheiden und mutige Umsetzung der Ergebnisse. Selbst bei größten Entwicklungsfortschritten besteht jederzeit das Risiko, dass Technologieführung firmenpolitischen Interessen geopfert wird.

Quellen

AMI, 1999: American Methanol Institute, The Promise of Methanol Fuel Cell Vehicles 1999

autonews, 2001: https://www.autonews.com/article/20010521/ANA/105210763/why-gm-bets-on-gasoline-fuel-cells, (zuletzt aufgerufen am 15.6.21)

BCG 1968: Bruce Henderson, Boston Consulting Group 1968, https://www.bcg.com/publications/1968/business-unit-strategy-growth-experience-curve (zuletzt aufgerufen am 15.6.2021)

FAZ 10.10.2000, UBA: https://www.faz.net/aktuell/wirtschaft/brennstoffzellen-umweltbundesamt-praesident-troge-glaubt-nicht-an-die-brennstoffzelle-im-auto-112473.html (zuletzt aufgerufen am 15.6.2021)

latimes, 1999: https://www.latimes.com/archives/la-xpm-1999-apr-20-fi-29093-story.html, (zuletzt aufgerufen am 15.6.21)

MTBE,Wikipedia: https://en.wikipedia.org/wiki/MTBE_controversy (zuletzt aufgerufen am 15.6.2021)

reference for business, 2005: https://www.referenceforbusiness.com/history/Al-Be/Ballard-Power-Systems-Inc.html#ixzz69b7uTN5o, (zuletzt aufgerufen am 15.6.21)

Rodriguez, Baker 1998: A. Chambers, C. Park, R.T.K. Baker, N.M. Rodriguez, J. Phys. Chem. B, 102 (1998) 4253

solarserver, 2002: https://www.solarserver.de/2002/12/11/fraunhofer-ise-entwickelt-benzinreformierung-fuer-brennstoffzellen/, (zuletzt aufgerufen am 15.6.21)

Spiegel 47/1996, Rügen-Projekt: https://www.spiegel.de/politik/rollende-heizung-a-0c1d99be-0002-0001-0000-000009121379 (zuletzt aufgerufen am 15.6.2021)

Wall Street, 1997: The Wall Street Journal; https://www.wsj.com/articles/SB872620830457462500; 1997 (zuletzt aufgerufen am 15.6.2021)

wardsauto, 1998: https://www.wardsauto.com/news-analysis/ballard-battling-break-through-daimler-and-ford-behind-it-vancouver-firm-sets-fuel-cell-agenda, (zuletzt aufgerufen am 15.6.21)

ycharts, 2021: https://ycharts.com/companies/BLDP/revenues_annual, (zuletzt aufgerufen am 15.6.21)

Der lange Weg zur Markteinführung

3

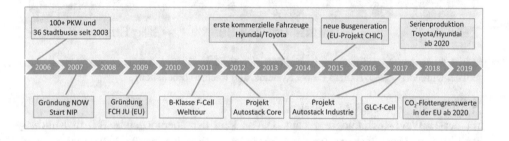

3.1 Fahrzeugflotten weltweit – Asiatische Tiger im Vormarsch (von 2002 bis 2020)

Die Geschichte erzählt von André Martin

Von der Demonstration der Technologie zu den ersten Kleinserien

Von 1997 bis 2002 hatten Daimler und Ballard, später auch Ford, in dichter Folge Brennstoffzellen-Fahrzeuge auf die Straße gebracht, die den jeweiligen Technologie-entwicklungsstand demonstrierten. Dazu zählten u. a. die Versuchsträger Necar1 bis 5, sechs verschiedene prototypische Busversionen (siehe Abb. 3.1) und ein Transporter. Insgesamt rüsteten wir in dieser Zeit 45 Fahrzeuge von sechs Fahrzeugherstellern mit Brennstoffzellen-Antrieben aus.

Im Jahr 2002 begann eine neue Zeitrechnung. Daimler und Ford produzierten die erste Kleinserie von Brennstoffzellen-Fahrzeugen weltweit und führten die erste große Flottenerprobung solcher Fahrzeuge durch. Deutlich mehr als 100 Fahrzeuge wurden

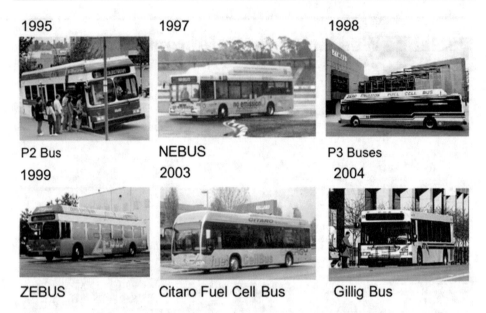

1995   1997   1998

P2 Bus   NEBUS   P3 Buses

1999   2003   2004

ZEBUS   Citaro Fuel Cell Bus   Gillig Bus

Abb. 3.1 Ausgewählte Busse, die bis 2002 mit Brennstoffzellen-Antrieben der Allianz ausgerüstet wurden. (Quelle: Ballard Power Systems, alle Rechte vorbehalten)

mit der HyWay1-Technologie gebaut. Davon kam der überwiegende Teil in Kundenhand. Weitere Fahrzeuge wurden für verschiedenste Erprobungen der Fahrzeughersteller genutzt. Das erste Mal in der Geschichte der Brennstoffzellen-Technologie wurde die Technik in einer industriellen Manufaktur reproduzierbar hergestellt und der gleiche Technologiestand in einer größeren Anzahl von Fahrzeugen eingesetzt und erprobt.

Wir hatten in einer unserer Hallen in Nabern einen Fertigungsbereich eingerichtet, in dem das System montiert, der Stack mit dem System verheiratet und der Fabrikabnahmetest durchgeführt wurde. Es gab zwei Packaging-Versionen, um den unterschiedlichen Ansprüchen der Fahrzeugbauräume gerecht zu werden (siehe Abb. 3.2). Die Montage eines Systems bis zur Endabnahme dauerte etwa drei Tage, d. h. die Montagestation hatte eine jährliche Kapazität von etwa 100 Einheiten im Einschichtbetrieb. Was für einen Fahrzeughersteller ein winziges Volumen ist, glich für die Brennstoffzellen-Technologie der damaligen Zeit einer kleinen Revolution.

Das HyWay1-Entwicklungsprogramm, das unter vielen Schwierigkeiten stattgefunden hatte, war schließlich erfolgreich abgeschlossen worden und hatte die technische Grundlage für diesen Schritt gelegt. Das erste Mal seit Beginn der Entwicklung bekamen wir echte Felddaten vom Einsatz der Fahrzeuge und lernten in rasender Geschwindigkeit viel Neues. Um Mängel oder Schwachstellen im Einsatz erkennen zu können, werteten wir die Felddaten alle vier Wochen systematisch aus. Im Ergebnis der Auswertung wurden technische Maßnahmen festgelegt, um bereits während der laufenden Erprobung schnell Verbesserungen einführen zu können und die Verfüg-

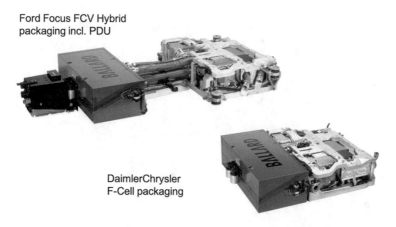

Ford Focus FCV Hybrid
packaging incl. PDU

DaimlerChrysler
F-Cell packaging

Abb. 3.2 Packaging-Varianten des 80 kW-HyWay1-Systems. (Quelle: Daimler AG, alle Rechte vorbehalten)

barkeit der Fahrzeuge insgesamt zu erhöhen. Außerdem implementierten wir ein Austauschkonzept für fehlerhafte Systeme, um bei aufwändigeren Reparaturen keine langen Unterbrechungen zu verursachen.

Naturgemäß gab es in der ersten Phase der Erprobung eine ganze Reihe von kleineren Mängeln und Unzulänglichkeiten. Die Ergebnisse des Fahrzeugbetriebs übertrafen jedoch insgesamt unsere Erwartungen und auch die der Auto-Hersteller. Die Systeme liefen deutlich robuster als erwartet und die tatsächliche Lebensdauer des Stacks war im Durchschnitt doppelt so hoch als die Daten der Labortests erwarten ließen. Im Laufe des Programms gelang es uns, die Mean-Time-Between-Failures (mittlere Zeit zwischen zwei Ausfällen – MTBF) ohne signifikante Hardware-Änderungen auf ein Mehrfaches zu verbessern, was den Wert einer Flottenerprobung nachdrücklich unterstreicht. Der Realbetrieb der Fahrzeuge zeigte, dass wir uns auf dem richtigen Weg befanden.

Brennstoffzellen im öffentlichen Nahverkehr – ein attraktives Marktsegment
Ebenfalls im Jahr 2002 erhielt Daimler den Zuschlag für das Europäische Brennstoffzellen-Busprojekt CUTE (Clean Urban Transport for Europe), das die Entwicklung, Herstellung und den Betrieb von 27 Brennstoffzellen-Bussen in 9 europäischen Hauptstädten vorsah. Die Architektur des Busses baute auf der Plattform des CITARO 12-m Stadtbusses auf (siehe Abb. 3.3). Ballard wurde mit der Entwicklung und Lieferung der Brennstoffzellen-Antriebe beauftragt. Zu diesem Zeitpunkt lief die Entwicklung des P5-Bus-Systems (Name des internen Projektes) bereits seit mehr als zwei Jahren, zunächst bei dbb und nach der Umfirmierung bei Ballard in Vancouver.

Das Busprojekt war nicht vom Himmel gefallen. Wir hatten uns etwa ein Jahr um die Durchführung und Finanzierung des Projekts bei der EU-Kommission bemüht. Die Bemühungen bestanden vor allem darin, den Entscheidungsträgern in Brüssel in

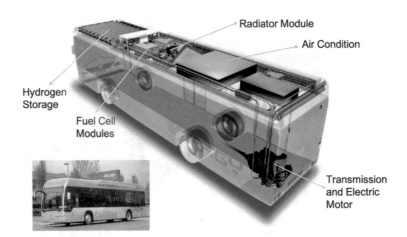

Abb. 3.3 Bus-Packaging-Layout und 205 kW-Antrieb der CITARO-Busse für das CUTE-Projekt; von links: Brennstoffzellen-Modul, Wasserstofftanks, Kühler, Klimaanlage, Getriebe und elektrischer Motor. (Quelle: Daimler AG, alle Rechte vorbehalten)

verschiedenen Formaten so viele Informationen wie möglich zur Verfügung zu stellen, um sie von der Machbarkeit und noch viel wichtiger von der Sinnhaftigkeit eines solchen Projekts zu überzeugen und eine Förderung durch die EU zu ermöglichen. Das gelang und wir gewannen wichtige und loyale Unterstützer für unser innovatives Vorhaben, allen voran Bill Borthwick, der für dieses Thema unser Hauptansprechpartner bei der Europäischen Kommission im DG Research (DG=Directorate General) war. Damals wusste kaum jemand, was Brennstoffzellen sind. Er half uns, dieses Wissen in Brüssel aufzubauen und Begeisterung bei in der Regel schwer zu begeisternden Beamten zu wecken. Seine Unterstützung kann auch aus heutiger Sicht gar nicht hoch genug bewertet werden.

Wenn der Betrieb der PKW-Flotte eine Herausforderung war, dann war der Betrieb der Bus-Flotte ein abenteuerliches Unterfangen mit ungewissem Ausgang. Die PKW, die sich in Kundenhand befanden, wurden überwiegend als Show-Cars oder für verschiedene alltägliche Fahrten genutzt. Eventuelle technische Mängel und daraus entstehende Stillstandzeiten waren zwar unschön, aber in der Regel hinnehmbar. Die Beseitigung der Mängel konnte in vielen Fällen entspannt erfolgen, wenn nicht gerade eine Veranstaltung geplant war, für die die Fahrzeuge zur Verfügung stehen mussten. Die Busse jedoch sollten im Linienbetrieb für den Transport von Fahrgästen eingesetzt werden. Die Betreiber legten deshalb an sie die gleichen Maßstäbe an wie für konventionelle Fahrzeuge. Das bedeutete unter anderem eine geforderte Verfügbarkeit von mehr als 90 %, um nicht für jeden Bus einen Ersatz vorhalten zu müssen. Der neue Busantrieb hatte zwar einen Testbetrieb im Labor durchlaufen, er war jedoch noch nie in einem Bus eingesetzt worden. Wir hatten also keinerlei Erfahrung im Realbetrieb. Unter diesen Umständen begannen wir das Projekt und wussten, dass die Technologie nur eine Aussicht auf kommerzielle Nutzung haben würde, wenn sie diesen Härtetest überstand.

Alle waren sich der Explosivität des Projekts vollständig bewusst. Wenn es scheiterte, konnten wir viel Schaden für die Zukunft der Technologie und unsere Firmen anrichten. Wir bereiteten den Einsatz deshalb akribisch vor. Zur Überwachung des Projekts bildeten wir einen Steuerkreis auf Geschäftsführungsebene. Ich war in meiner Rolle als VP der Transportation Business Unit und Programmverantwortlicher Mitglied des Steuerkreises und übernahm später den Co-Vorsitz für Ballard. Zweiter Co-Vorsitzender war der CTO (Chief Technology Officer) von Evobus.

Wir verwendeten deshalb sehr viel Zeit darauf, eine Strategie für den Betrieb der Fahrzeuge zu entwickeln, die uns in den Stand setzte, die Risiken zu kontrollieren und beim Auftreten technischer Mängel eine schnelle Reaktion sicherzustellen. Die Busse wurden mit Datenfernübertragung ausgerüstet, erst schrittweise auf die volle Einsatzzeit hochgefahren und ihr Zustand mithilfe des Datenerfassungssystems und gewisser Check-outs täglich überprüft, bis wir uns sicher waren, dass sie der Belastung gewachsen sein würden. Aus den Entwicklungstests hatten wir Fehlerhäufigkeiten der Komponenten und Sub-Systeme ermittelt und legten ein zentrales Ersatzteillager an, dessen Bestand auf dieser Basis ermittelt wurde. Um aufwendige Reparaturen vor Ort zu vermeiden, wurden außerdem Plug-and-Play-Austauschsysteme (mit wenigen Schnittstellen demontier- und montierbar) vorgehalten, um bei Ausfällen die Verfügbarkeit der Busse innerhalb von 48 h wieder herstellen zu können. Nach Austausch wurden diese Systeme repariert und der Austauschpuffer wieder aufgefüllt. Mithilfe dieses Logistikkonzepts, aber auch der so nicht erwarteten Robustheit der Antriebe, gelang es uns, die damals sensationelle Verfügbarkeit von mehr als 90 % über die gesamte Projektdauer zu erreichen. Das war eine gewaltige Leistung, die selbst aus heutiger Sicht nicht hoch genug bewertet werden kann, auch mit dem Wissen, dass solche Verfügbarkeiten in späteren Projekten nicht erreicht wurden.

Der Betrieb der PKW- und Busflotten war deshalb ein großer Erfolg und brachte uns viele nützliche Erkenntnisse für die weitere Entwicklung. Die Fahrzeuge zeigten das große Potenzial der Technologie in einer noch frühen Entwicklungsphase. Der Betrieb der Fahrzeuge half auch, sicherheitstechnische Bedenken für den Betrieb von Fahrzeugen mit Wasserstoff abzubauen. Das Feedback der Fahrer, das unseren Ingenieuren vor Ort gegeben oder vom Management der Transportunternehmen übermittelt wurde, war überwiegend sehr positiv. Wir hatten erneut nachgewiesen, dass wir trotz aller strategischen und operativen Schwierigkeiten die Spitze der Technologieentwicklung bestimmten. (trimis 2009).

Diesen Nachweis konnten wir auch in den unmittelbar folgenden Jahren bekräftigen, in denen sowohl PKW als auch Busse in den verschiedensten anderen nationalen und internationalen Initiativen erfolgreich zum Einsatz kamen. Bis 2005 war es uns gelungen, zahlreiche wichtige Projekte zu akquirieren und zu realisieren, die das Potenzial der Technologie, unseres Portfolios und unsere damalige Technologieposition verdeutlichen.

Brennstoffzellen-Entwicklung weltweit – wann kommt der Markteintritt?

Zwischen 1997 und 2002 waren die meisten Autohersteller der Welt in der Entwicklung der Brennstoffzellen-Technologie aktiv, da Batterien zum damaligen Zeitpunkt von kaum Jemandem als ernsthafte Option betrachtet wurden. Außer zwei Herstellern mit einer Anzahl von Prototypen des gleichen Entwicklungsstands hatte kein anderer Fahrzeughersteller mehr als einzelne Fahrzeuge hergestellt und demonstriert. Daimler hatte zu dieser Zeit mehrfach die Serienfertigung von Fahrzeugen ab 2004 angekündigt. Die internen Analysen und die Erkenntnisse der Flottenerprobungen hatten jedoch gezeigt, dass bis zur kommerziellen Reife der Technologie noch eine Wegstrecke vor uns lag. Das Ziel wurde deshalb stillschweigend kassiert und um einige Jahre verschoben.

Tatsächlich wurden ab 2009 etwa 200 F-Cell-B-Klasse-Fahrzeuge mit fortgeschrittener Brennstoffzellen-Technologie gefertigt und ausgewählten Kunden weltweit zur Verfügung gestellt. Die Fortschritte in Reifegrad und Kompaktheit waren sicht- und spürbar, jedoch hatte diese Stückzahl nichts mehr mit der ursprünglichen Absicht zu tun. Erst weitere 10 Jahre später, Ende 2018, kam der GLC F-Cell heraus, der ursprünglich ebenfalls als Serienfahrzeug angekündigt war, jedoch tatsächlich nur in einer bescheidenen Auflage von einigen hundert Stück gefertigt wurde.

Mehr als 15 Jahre nach der erfolgreichen Flottenerprobung der HyWay1-Fahrzeuge waren die Stückzahlen unverändert auf gleichem Niveau und es war keine Ambition erkennbar, daran etwas zu ändern. Begründet wurde es mit fehlender Betankungsinfrastruktur. Zeitgleich stellten Wettbewerber unter Beweis, dass der Markt bereits ein deutlich größeres Potenzial besaß. Allein im Jahr 2019 wurden weltweit von zwei Herstellern knapp 7000 Fahrzeuge verkauft. Im Jahr 2020 waren es bereits 11.000 (siehe Abb. 3.4).

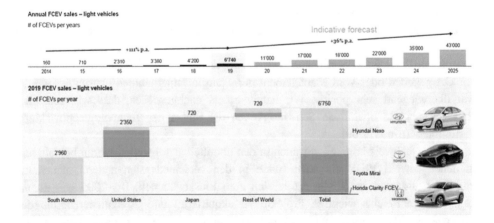

Abb. 3.4 Entwicklung der weltweiten FCEV-Verkäufe (Fuel Cell Electric Vehicle; Brennstoffzellen-Elektrofahrzeuge) ab 2014. (Quelle: McKinsey (2019), alle Rechte vorbehalten)

Angesichts dieser Zahlen liegt der Schluss näher, dass es keine ernsthafte Ambition für die Kommerzialisierung der Technologie mehr gegeben hat. Die Strategie wurde inzwischen nur noch von asiatischen Herstellern verfolgt.

Das europäische Nachfolge-Bus-Projekt für CUTE, das 2015 begann, trug die Bezeichnung CHIC (Clean Hydrogen in European Cities) und beinhaltete den Bau und Betrieb von 26 Bussen an fünf europäischen Standorten, namentlich Aargau, Bozen, London, Milano und Oslo. Der Antrieb der Busse bestand aus zwei PKW-Systemen in einer Hybridarchitektur, für die bereits Lithium-Ionen-Batterien zum Einsatz kamen. Die Brennstoffzellen-Systeme wurden meist in Teillast betrieben, rekuperierten Bremsenergie und erzielten so einen hohen Wirkungsgrad und lange Lebensdauer. Der wirtschaftliche Reiz des Konzepts lag darin, dass die zukünftig zu erwartenden Skaleneffekte der PKW-Volumen, erheblich günstigere Kosten des Antriebsstrangs erlauben würden. Es war ein Konzept, mit dem wir bereits 10 Jahre früher experimentiert hatten (siehe Abb. 3.5).

Trotz der in diesem Projekt demonstrierten technischen Fortschritte und des großen Interesses von Verkehrsbetrieben, wurde die Entwicklung nach Abschluss des Projektes nicht weitergeführt. Andere Bushersteller nutzten das Moment und begannen in den Folgejahren erste Kommerzialisierungsschritte. Daimler und Ford hatten bis zu diesem Zeitpunkt viele Millionen Einsatzkilometer mit PKW und Bussen zurückgelegt. Sie hatten gemeinsam mit Ballard lange eine technologische Führungsposition inne. Sie hatten die Ressourcen, sie hatten die globale Aufstellung und den politischen Einfluss. Mit einem Wort, sie hatten einen glänzenden Ausgangspunkt für die kommerzielle Einführung des innovativen Antriebs. Aber sie nutzten ihn nicht. Die ursprünglichen Ambitionen waren begraben worden.

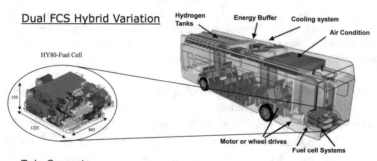

Abb. 3.5 Konzept eines Brennstoffzellen-Hybrid-Busantriebs mit zwei 80 kW-PKW-Systemen, Hochleistungsbatterie, Energiemanagement und elektrischen Radantrieben 2005. (Quelle: Daimler AG, alle Rechte vorbehalten)

Führungswechsel – der Wert strategischer Kontinuität

Ganz anders agierte ein japanischer Autokonzern. Toyota stellte 1998 in einem Workshop in Brüssel, an dem ich teilnahm, seine Elektrifizierungsstrategie vor. Man kann sie mit wenigen Worten zusammenfassen. Zunächst sollten mit Hilfe von Hybrid-Konzepten der elektrische Antrieb und die Batterie-Technik weiterentwickelt, ihre Zuverlässigkeit gesteigert und ihre Kosten gesenkt werden. Auf Basis der Entwicklung der elektrischen Antriebe und der Batterie-Technik sollte dann die Brennstoffzellen-Technologie eingeführt werden, den elektrischen Antriebsstrang komplettieren, in Bezug auf Reichweite optimieren und universell einsatztauglich machen.

Mehr als 20 Jahre später ist diese Strategie so gültig wie am ersten Tag. Man ließ sich durch die jahrelang nur zögerlich steigenden Umsätze der Hybridfahrzeuge und die dadurch lange nötigen internen Preissubventionen nicht beirren. Schon gar nicht ließ man sich durch das sprunghafte Verhalten deutscher Autobauer irritieren, die in der Frage, welcher Antriebstechnologie die Zukunft gehört, strategisch irrlichterten, um sich am Ende zwischen alle Stühle zu setzen und jeden Zug zu verpassen. Die Marke Toyota wurde für ihre strategische Konsequenz belohnt, denn ab etwa Mitte der 2000er Jahre setzte ein exponentielles Wachstum im Verkauf ihrer Elektrofahrzeuge ein. Von 1997 bis 2020 wurden mehr als 15 Mio. verschiedener Modelle der zunächst von vielen Experten belächelten Toyota-Hybridfahrzeuge verkauft. (Toyota 2020).

Natürlich kann man zum Hybridfahrzeug unterschiedlicher Meinung sein, denn der Vorteil des elektrischen Fahrens wird durch Nachteile in Gewicht und Kosten erkauft. Das elektrische Fahren ist in der Reichweite begrenzt und ist primär im Stadtverkehr vorteilhaft. Für die Fahrt auf deutschen Autobahnen bringt eine Hybridisierung keinen Vorteil, solange man nicht im Stau steht. Es hängt also sehr davon ab, wie man das Fahrzeug nutzt, was im Übrigen für alle Hybridkonzepte gilt. Trotz allem war es ein erfolgreiches Konzept, denn es konnten mit dieser Technologie alle damaligen Emissionsziele erreicht werden. Man hatte keinen Diesel-Skandal und investierte das Geld in Technologie statt in Strafzahlungen. Das Hybrid-Konzept ist Bestandteil einer langfristigen, erfolgreichen Elektrifizierungsstrategie und einer Antriebsplattform, die auch als Grundlage für die Brennstoffzellen-Fahrzeuge genutzt wird.

Auch Toyota stellte ab Ende der neunziger Jahre zahlreiche Brennstoffzellen-Technologieträger vor. Danach folgten weitere Entwicklungsschritte und neue Modelle. Parallel erfolgte die Entwicklung von Brennstoffzellen-Bussen, für die von Beginn an die Module des PKW eingesetzt wurden. Im Dezember 2014 kam mit dem „Mirai" das erste Serienfahrzeug auf den Markt. Das Fahrzeug hat eine reale Reichweite von etwa 500 km und eine ähnliche Betankungszeit wie konventionelle Benzin/Diesel-Fahrzeuge, wobei Letzteres für alle Brennstoffzellen-Fahrzeuge gilt. Es hat einen Verbrauch von 3,6 l Benzinäquivalent auf 100 km und ist – natürlich – ein Null-Emissions-Fahrzeug. Bis Ende 2019 wurden davon 10.250 Fahrzeuge verkauft, 6200 in den USA, 3500 in Japan und mit deutlichem Abstand 640 in Europa (Wikipedia 2020). Damit ist der Mirai das meistverkaufte Brennstoffzellen-Fahrzeug der Welt. In Deutschland wurden bis 1.1.2019 nur 138 Mirai zugelassen!

Auf der Tokyo Motor Show 2019 wurde der Nachfolger des Mirai vorgestellt, der im Herbst 2020, zunächst in Japan, danach in Nordamerika und Europa eingeführt wurde. Das Design wurde erheblich verbessert und er ist, was Größe und Ausstattung betrifft, zu einem Oberklasse-Fahrzeug geworden. Wichtiger ist jedoch, dass das neue Modell 700 km Reichweite haben soll und damit in dieser Hinsicht zu konventionellen Fahrzeugen aufgeschlossen hat. Ähnlich konsequent und langfristig verlief die Entwicklung der Brennstoffzellen-Busse. Im Oktober 2019 wurden Pläne bekannt gegeben, den Bus, der den Namen „Sora" trägt, ab 2020 in Portugal bei CaetanoBus SA für den europäischen Markt produzieren zu lassen. Somit führen sie nicht nur konsequent eine neue Antriebstechnologie in Bussen ein, die auf einer PKW-Entwicklung beruht und nutzen die daraus generierten Skaleneffekte, sondern die Busse dienen auch als Alleinstellungsmerkmal für die Eroberung neuer Märkte.

Vergleicht man die technischen Daten und das Konzept so ähnelt es den Bussen, die bereits 2015 im CHIC-Projekt eingesetzt wurden. Das Package des Daimler-PKW-Antriebs von 2015 passte bereits in den Motorraum eines konventionellen Fahrzeugs (siehe Abb. 3.6). Die Brennstoffzellen-Aggregate, die 2020 von verschiedenen Herstellern für die geplante Serienproduktion vorgestellt wurden, ähnelten diesem Konzept auffällig. Technologischer Rückstand sieht anders aus.

Ende 2019 machte Toyota Pläne für die Aufnahme der Massenfertigung von Brennstoffzellen-Fahrzeugen öffentlich. Ab 2021 sollen jährlich bis zu 30.000 Brennstoffzellen-Fahrzeuge verkauft werden, neben dem Mirai auch Brennstoffzellen-Busse (Automobilindustrie 2019). So geht es Schlag auf Schlag.

Wie Phönix aus der Asche

Auch ein anderer asiatischer Hersteller nutzt die Gunst der Stunde. Meine erste Berührung mit Hyundai geht auf das Jahr 1999 zurück. Sie traten damals an Daimler-Chrysler wegen einer Zusammenarbeit bei der Entwicklung von Brennstoffzellen-Fahrzeugen heran. Ferdinand Panik stellte ein Team zusammen, zu dem auch ich gehörte,

Abb. 3.6 Daimler Brennstoffzellen-PKW-Antrieb aus dem Jahr 2015, der erstmals als vollintegriertes System unter der Motorhaube den Platz des klassischen Verbrenners einnahm. (Quelle: Daimler AG, alle Rechte vorbehalten)

und wir besuchten Hyundai am Firmensitz in Seoul, um das Thema auszuloten und so viele Informationen wie möglich zu sammeln. Der Besuch war von Hyundai hervorragend organisiert. Wir wurden ausgesprochen zuvorkommend behandelt und verhandelten auf CEO-Ebene.

Nach dem ersten Treffen erhielten wir Gelegenheit, ihre Brennstoffzellen-Fahrzeuge im Betrieb zu beobachten und eine kurze Distanz in einem der Fahrzeuge mitzufahren. Selbstverständlich erhielten wir keine Einsicht in technische Details, noch durften wir einen Blick in den Motorraum werfen. Trotzdem konnten wir einige wichtige Eindrücke gewinnen. Das Fahrverhalten der Fahrzeuge und ihre tiefe Straßenlage deuteten darauf hin, dass sie eine erhebliche zusätzliche Last mit sich herumfuhren. Nach allem was wir sahen, musste sie weit über das damals noch übliche hohe Gewicht eines Brennstoffzellen-Antriebs hinausgehen, denn die Fahrzeuge ächzten förmlich unter der Ladung. Beim Mitfahren vermissten wir das typische Winseln des Kompressors, das während der Beschleunigung von Brennstoffzellen-Fahrzeugen entsteht und damals noch sehr deutlich zu hören war. Mit hoher Wahrscheinlichkeit trug der Wagen also eine hohe Batterielast und wurde durch die Batterie angetrieben, sodass die Brennstoffzelle nur die Aufgabe eines Range-Extenders (Brennstoffzelle, die als Stromgenerator zum Nachladen der Batterie genutzt wird, um die Fahrzeugreichweite zu erhöhen) haben konnte.

Das aber bedeutete, dass ihre Leistung verhältnismäßig gering sein musste und sie im stationären Betriebsmodus arbeitete. Damit hatten wir eine ungefähre Vorstellung, wo die Kollegen in der Entwicklung standen. Aus der Kooperation wurde nichts, weil aus damaliger Sicht kaum Vorteile damit verbunden gewesen wären.

Bereits einige Monate vor Toyota, Ende des Jahres 2013, und offensichtlich in direkter Konkurrenz, brachte Hyundai den ix35 heraus und produzierte im Verlauf von drei Jahren etwa 1000 Stück dieses Brennstoffzellen-Fahrzeugs. Diesem folgte ab 2018 das Modell Nexo, das in Ulsan in Südkorea produziert wird. Das Fahrzeug hat eine Reichweite von knapp 700 km und zeigt bereits das, was ihr Konkurrent in Bezug auf Reichweite erst angekündigt hatte. Bis November 2020 wurden mehr als 10.000 Fahrzeuge verkauft (hyundai-newsroom 2020). Hyundai ist inzwischen ein ernstzunehmender Konkurrent geworden, und zwar im weitesten Sinne. In Sachen Fertigungsvolumen der Brennstoffzellen-Fahrzeuge sind auch sie bereits eine Größenordnung weiter, selbst wenn es sich für die Verhältnisse von PKW-Herstellern immer noch um eine Kleinserie handelt.

Seit 2019 realisiert Hyundai gemeinsam mit Schweizer Partnern ein Projekt zur Lieferung von 1600 Brennstoffzellen-LKW ihres Modells „Xcient" in die Schweiz (vision-mobility 2019). Nach den verfügbaren Informationen hat der LKW eine Reichweite von etwa 400 km und kann innerhalb von sieben Minuten aufgetankt werden. Die H_2-Speicherung erfolgt mit den bislang in Nutzfahrzeugen üblichen 350 bar-Druckbehältern. Mit neuen Modellen in allen Anwendungsgebieten werden neue Märkte erobert. Auch hier hat man Pläne für die Aufnahme der Massenfertigung von Brennstoffzellen-Fahrzeugen Anfang bis Mitte des jetzigen Jahrzehnts bekräftigt und Ende 2019 ein Investitionsprogramm von 35 Mrd. € für alternative Antriebe mit Brennstoffzellen als zentralem Element in den nächsten 5 Jahren verkündet, „um die eigene Führungsposition im globalen Wasserstoff-Brennstoffzellen-Ökosystem zu stärken" (elektroauto-news 2019). Es wird sicher nicht bei Ankündigungen bleiben.

Die Europäische Kommission – Sponsor und Pate

Die Europäische Kommission hat das Potenzial von Wasserstoff sehr früh erkannt und unterstützt. Daran waren unsere Aktivitäten zum Europäischen Busprojekt CUTE aber auch die globale Sichtbarkeit der HyWay1-PKW-Flotte ganz sicher nicht unbeteiligt. Bereits im September 2002 rief die Kommission auf Veranlassung des EU-Kommissars für Forschung, Philippe Busquin, eine „High Level Group" (Gruppe hochrangiger Akteure) zum Thema Wasserstoff und Brennstoffzellen ins Leben. Sie bestand aus Vertretern relevanter europäischer Forschungsinstitute und Industrieunternehmen und verfolgte das Ziel, Forschungsschwerpunkte zu steuern und Marktanreize zu entwickeln, um eine möglichst schnelle Skalierung der Technologie zu erreichen. Es war ein für die damalige Zeit revolutionäres Programm.

Ein knappes Jahr später wurde ein Summary Report (Abschlussbericht) mit den Empfehlungen der High Level Group veröffentlicht, der es in sich hatte (siehe Abb. 3.7). Die darin vorgestellte Roadmap sprach bereits 2003 von einer zukünftigen Wasserstoffwirtschaft. Die Dekarbonisierung der Produktion von Wasserstoff mit Hilfe von erneuerbaren Energien und der Transport von Wasserstoff mit Pipelines waren ebenso

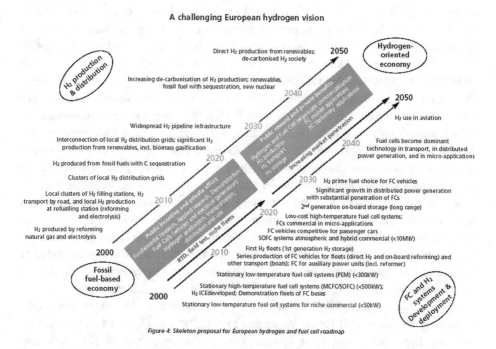

Figure 4: Skeleton proposal for European hydrogen and fuel cell roadmap

Abb. 3.7 European Hydrogen Roadmap der High Level Group aus dem Summary Report 2003. (Quelle: FCH JU Brüssel, alle Rechte vorbehalten)

Bestandteil wie die Einschätzung, dass Brennstoffzellen-Fahrzeuge ab etwa 2020 wett-bewerbsfähig sein würden. Die Gruppe, der ich angehörte, empfahl einen einheit-lichen, ressortübergreifenden Politikansatz für die Bereiche Transport, Energie und Umwelt. Sie verlangte eine deutliche Erhöhung der Forschungs- und Entwicklungs-budgets für Wasserstoff und Brennstoffzellen. Sie unterstrich die Notwendigkeit von Demonstrations- und Pilotprogrammen. Sie schlug eine Geschäftsentwicklungsinitiative vor, um Investoren zur Finanzierung von Forschungs- und Entwicklungsaktivitäten zu motivieren. Sie empfahl eine europäische Ausbildungsinitiative, verstärkte internationale Kooperation und die Schaffung eines Kommunikationszentrums als zentrale Anlauf-stelle für alle Themen rund um Wasserstoff und Brennstoffzellen. Viele der Forderungen wurden erst mit deutlicher Verspätung und einige leider bis heute nicht realisiert.

Für die Umsetzung dieser Vorschläge sollte eine Public–Private Partnership (PPP) in Form eines Gemeinschaftsunternehmens zwischen der Kommission und einer Gruppe aus interessierten Unternehmen (Industriegruppe) gebildet werden. Zentrale Forderung der High Level Group war, dass die Arbeit der PPP langfristig angelegt und finanziert werden sollte, was eine vollkommene Abwendung von der bis dahin üblichen Vorgehens-weise der Kommission bedeutete, die Mittel auf jährlicher Basis (willkürlich) freizu-geben.

Für diese Forderung gab es eine sehr einfache Begründung. Sinnvolle Forschungs- und Entwicklungsarbeiten bedürfen eines mehrjährigen, stabilen Finanzrahmens, um die notwendige Tiefe, Breite und Kontinuität des Entwicklungsansatzes sicherzustellen. Falls man diesen Rahmen nicht schaffen würde, war aufgrund der dann bestehenden Finanzierungsrisiken kein großes Engagement von Industrie oder Forschung zu erwarten.

Ab 2004 wurden die Aktivitäten im Rahmen der „European Hydrogen and Fuel Cell Technology Platform" als Nachfolgerin der High Level Group fortgeführt, der ich eben-falls angehörte. Sie bestand aus relevanten Vertretern der europäischen Industrie und Wissenschaft, die als beratendes Gremium für die Kommission zusammenarbeiteten. Organisatorisch hatte sich nicht viel verändert, das Kind hatte aber jetzt einen anderen Namen. Aus ihrer Tätigkeit entstand unter anderem eine Strategic Research Agenda (Strategischer Forschungsplan) mit einem Umfang von 123 Seiten, die jedoch aufgrund der Weigerung der Kommission keine Verbindlichkeit für die tatsächliche Auswahl der Forschungsthemen besaß. Von der Gründung eines Gemeinschaftsunternehmens war dieses Format außerdem noch weit entfernt. Die Mitglieder der Industriegruppe waren deshalb zunehmend enttäuscht und frustriert. Wir signalisierten DG Research (Directorate General Research = Generaldirektion Forschung), dass wir nicht gedachten, die Arbeit in dieser Weise fortzusetzen und forderten die Gründung des Gemeinschaftsunternehmens mit der Kommission, wie sie die High Level Group bereits vorgeschlagen hatte.

Als Reaktion auf diese Forderung schlug die Kommission die Gründung einer „Joint Technology Initiative (JTI) for Hydrogen and Fuel Cells" vor, einer gemeinsamen Platt-form der Kommission mit einer Gruppe von interessierten europäischen Industrie-unternehmen (Industriegruppe). Die JTI sollte endlich das Mandat bekommen, das angestrebte Gemeinschaftsunternehmen zu gründen und mit Leben zu erfüllen. Im März 2007 wurde die bis dahin informell agierende Industriegruppe als JTI Industrial Grouping formalisiert. Das neu gewählte Präsidium setzte sich überwiegend aus Kollegen zusammen, die an den Vorarbeiten der vergangenen Jahre nicht beteiligt gewesen waren, was sich für die inhaltliche Kontinuität als Problem herausstellen sollte. Etwa zur gleichen Zeit wurden die Beamten der Kommission turnusmäßig durchrotiert. Unsere alten, treuen Unterstützer in DG Research verschwanden, sehr zu unserem Leidwesen, aus dem unmittelbaren Wirkungskreis unserer Initiative.

Ich war zu dieser Zeit bereits auf dem gedanklichen Abflug aus meinem bisherigen Umfeld und brauchte deshalb keine lange Bedenkzeit, als ich gefragt wurde, ob ich bereit wäre, die Vorbereitungsarbeiten für das beabsichtigte Gemeinschaftsunternehmen zu führen. Ich übernahm die Aufgabe im vierten Quartal 2007 und pendelte für die nächsten 15 Monate wöchentlich zwischen Frankfurt und Brüssel.

In einer der ersten Diskussionen mit unseren neuen Partnern in der Kommission teilten sie uns mit, dass es zur Vorbereitung des Gemeinschaftsunternehmens keine gemeinsame Arbeitsgruppe zwischen Industriegruppe und Kommission geben werde, wie das ursprünglich beabsichtigt war. Stattdessen sollte die Industriegruppe für die inhaltliche und organisatorische Vorbereitung ein Projekt bei der Kommission beantragen, da nur auf diesem Weg eine Teilfinanzierung der Arbeiten durch die Kommission erfolgen könne. Dieses von der Kommission vorgeschlagene Format entsprach aus unserer Sicht nicht der Ambition des Vorhabens und dem ursprünglichen gemeinsamen Verständnis. Wir äußerten deshalb unsere Bedenken und verließen das Meeting ohne Entscheidung.

Es war leicht erkennbar, dass wir in der vorgeschlagenen Projektstruktur keinen ausreichenden Einfluss auf Ziele und Entscheidungen für die Vorbereitung des Gemeinschaftsunternehmens haben würden. Außerdem war schwer einzusehen, weshalb wir die Vorbereitung des Gemeinschaftsunternehmens einseitig, ohne Teilnahme und Beitrag der Kommission leisten sollten. Trotzdem eine Reihe von Kollegen ähnliche Positionen vertraten, fanden sie in der Entscheidung des Vorstands der Industriegruppe schließlich keine Berücksichtigung. Die IG stimmte dem Vorschlag zu. Durchaus vorhandene und infrage kommende Alternativen wurden nicht einmal erwogen.

Das Projekt wurde bewilligt und bekam das Akronym „FCHInstruct" (Brennstoffzellen und Wasserstoff-Einweisung). Nach anfänglicher Unterstützung durch eine externe Beratungsfirma entschieden wir uns, die Arbeiten in eigener Regie mit Industrieexperten durchzuführen, die von Mitgliedsfirmen der Industriegruppe delegiert werden sollten. Kurze Zeit später hatten wir ein kleines, aber schlagkräftiges Team für die verschiedenen Aufgabengebiete zusammen. Wir mieteten ein Büro in der Avenue Louise und waren innerhalb von wenigen Wochen arbeitsfähig.

Die Vorbereitung des Gemeinschaftsunternehmens beinhaltete eine Vielfalt von Aufgaben. Dazu gehörten die Ausarbeitung einer mehrjährigen F&E-Strategie, die Entwicklung jährlicher Umsetzungspläne für die Durchführung der thematischen Projektausschreibungen, die Ausarbeitung eines Förderrahmens, die Entwicklung der

Management-Struktur sowie der Besetzung und Arbeitsweise des Aufsichtsgremiums (Governance Structure). Weitere Themen waren die Suche nach zusätzlichen Projekt-Finanzierungsquellen, die Entwicklung einer Kommunikationsstrategie bis hin zur Planung von Informationsveranstaltungen.

Die Kommission hatte sich aus der Mitarbeit am Projekt zurückgezogen, die kompletten Aufgaben auf uns verlagert, eine Kostenbeteiligung der Industrie erreicht, behielt aber das Recht, Ergebnisse zu bestätigen oder zu verwerfen.

In den folgenden Kontakten mit unseren neuen Ansprechpartnern bei DG Research spürten wir eine deutlich veränderte Gesprächsatmosphäre gegenüber den Vorjahren. Die Diskussionen wurden von formellen Aspekten dominiert. Vorschläge wurden ausschließlich daraufhin bewertet, ob sie inhaltlich bereits in offiziellen Papieren der Kommission enthalten waren oder nicht. War das der Fall, bekamen sie die Bewilligung, andernfalls wurden sie abgebügelt. Die ultimative Forderung in solchen Fällen lautete: „Show me the document!"[1]. „Copy and Paste"[2] wurde so von einer Effizienz- zu einer Existenzfrage. Die Stimmung von Absicherung und Verwaltungsdenken übertrug sich leider auch auf andere Mitarbeiter der Kommission, mit welchen wir bis dahin kooperativ und produktiv zusammengearbeitet hatten.

Die Ausarbeitung der F&E-Schwerpunktthemen und der jährlichen Umsetzungs-pläne war der zentrale Teil der Mission. F&E-Themen sollten zukünftig nur aufgrund überprüfbarer Kriterien beantragt und genehmigt werden, um ihre thematische Relevanz und Anwendungsnähe sicherzustellen. Wir implementierten einen Bottom-up Prozess für die verschiedenen Applikationsbereiche, um dieses Ziel zu erreichen. Alle Themenvor-schläge wurden in Review-Meetings diskutiert und konsolidiert. Auftretende Konflikte wurden auf diese Weise offengelegt und adressiert. So kamen alle Argumente und Fakten auf den Tisch und die finalen Ergebnisse wurden transparent, faktenbasiert und im Ein-vernehmen aller Beteiligten ermittelt.

Gegen Ende der geplanten Projektdauer von etwas mehr als einem Jahr veränderte die Kommission einseitig weitere, wesentliche Annahmen für die Gründung des Gemeinschaftsunternehmens. Die zukünftige Organisation sollte nun ein „Commission Body (Körperschaft der Kommission)", d. h. ein integraler Bestandteil der Brüsseler Administration werden und nicht, wie bis dahin beabsichtigt, ein gemeinsames Unter-nehmen gleichberechtigter Partner. Die Forschungsschwerpunkte sollten nur noch Empfehlungscharakter besitzen, was den von uns implementierten, transparenten und faktenbasierten Gesamtprozess der Themenauswahl samt Budgetzuordnung ad absurdum führte. Bei dieser Gelegenheit wurden auch unsere organisatorischen Vorschläge in Frage gestellt, da sie nicht den „Bedürfnissen" eines Commission Body entsprächen.

---

[1] Sinngemäß: „Weis mir die Quelle nach!"

[2] Sinngemäß: „Kopieren und einfügen (übernehmen)."

Die letzten Monate unserer „Mission Impossible" waren deshalb von einer gewissen Endzeitstimmung geprägt. Anfang 2009 übergaben wir das Projekt an eine Interimsstruktur, die nach dem Prozedere der Kommission den Übergang in die Zielstruktur durchführen sollte. Obwohl die Wissens- und Erfahrungsträger weiterhin zur Verfügung standen, änderte man zu diesem entscheidenden Zeitpunkt die Projektführung! Wie wir später feststellten, wurden durch die Interimsstruktur eine Reihe unserer Vorschläge und Konzepte zum Teil deutlich modifiziert, ohne dass es während des Projekts dazu inhaltliche Diskussionen gegeben hätte.

Nach den Erfahrungen, die wir bis dahin gesammelt hatten, war das aber keine sehr große Überraschung mehr.

Rückschauend hatten wir im Laufe eines Jahres in extrem harter Arbeit vieles vorangebracht. Unser Team hatte strategische F&E-Schwerpunkte entwickelt, zwei Jahrespläne detailliert ausgearbeitet, den Förderprozess definiert, die organisatorische Struktur des FCH JU konzipiert und viele andere Themen abgearbeitet. Die politische Begleitung durch die Kommission erwies sich als widersprüchlich und konfliktgeladen. Sie generierte zahlreiche Herausforderungen, die uns viel Arbeit bereiteten, deren Zweckdienlichkeit häufig jedoch im umgekehrten Verhältnis zu ihrem Aufwand stand.

Kommission und Industrie stellten ein Gesamtinvestitionsvolumen von 1,2 Mrd. € für Wasserstoff und Brennstoffzellen über fünf Jahre zur Verfügung. Das Fuel Cell and Hydrogen Joint Undertaking nahm seine Arbeit auf und sollte trotz aller konzeptionellen Mängel einen substantiellen Beitrag zur Verbesserung der Forschungsförderung für Wasserstoff und Brennstoffzellen in Europa leisten.

Das AutoStack-Projekt – zeigen, was geht

Ich beendete meine Aufgabe in Brüssel Anfang 2009 und begann eine Tätigkeit als unabhängiger Berater. Damit zog ich die Schlussfolgerungen aus den letzten Jahren meiner Berufstätigkeit, in der meine Arbeit von vielen Zwängen und frustrierenden Kompromissen geprägt worden war.

Kurz vorher traf ich in Brüssel Ludwig Jörissen, der am Zentrum für Sonnenenergie- und Wasserstoff-Forschung (ZSW) in Ulm für die Brennstoffzellen-Entwicklung zuständig war. Zu diesem Zeitpunkt gab es abgesehen von den internen Entwicklungen bei Daimler keinen für die Automobilanwendung geeigneten Brennstoffzellen-Stack (Stack = Stapel an Zellen) (siehe hierzu auch Abb. 1.2 und 1.4) aus europäischer Entwicklung. Anwendungsnahe Forschungsarbeiten beschäftigten sich primär mit stationärer Stromerzeugung oder tragbaren Geräten. Auch international gesehen waren unabhängige Entwicklungen außerhalb von Großunternehmen dünn gesät bzw. nicht existent. Meine Erfahrungen bei Ballard und Daimler hatten mich überzeugt, dass man vieles besser machen konnte, wenn es gelang, den Einfluss von Firmenpolitik und Partikularinteressen auf die Entwicklung zurückzudrängen. Ein unabhängiges, öffentliches Forschungsprojekt konnte dafür den geeigneten Rahmen bieten. Wir beschlossen, ein Konsortium mit Autoherstellern, Zulieferern und Forschungsinstituten für die Durchführung eines europäischen Projekts zu bilden, um eine solche Entwicklung anzustoßen.

Es gelang uns, prominente Industriepartner für das Vorhaben zu gewinnen und eine ebenso prominente Gruppe von Forschungseinrichtungen, darunter das französische Atomforschungszentrum (CEA), das Joint Research Center der EU (JRC), das Paul-Scherrer-Institut aus der Schweiz und natürlich das ZSW aus Ulm. Die Projektarbeiten begannen Mitte 2009. Das Projekt sollte zunächst untersuchen, wie ein erfolgver-sprechendes Stack-Konzept für die Automobilanwendung aussehen musste, um technisch und wirtschaftlich wettbewerbsfähig zu sein.

Aus unseren Analysen erkannten wir, dass die Stack-Leistungsdichte den zentralen Entwicklungsparameter bilden musste, um sowohl die technischen aber auch die wirtschaftlichen Spezifikationsziele erfüllen zu können. Ausschlaggebend dafür waren die extrem hohen Anforderungen in Bezug auf den Einbauraum, die hohe Leistung und die herausfordernden Kostenziele der Automobilanwendung. Die Reduzierung des Platingehalts im Katalysator blieb wichtig, war jedoch nicht das ausschließlich bestimmende Element, wie damals noch in allen Kostenanalysen z. B. des DoE unter-stellt wurde. Um die Anforderungen an Kompaktheit und Kosten erreichen zu können, war der Einsatz von sehr dünnen, metallischen Bipolarplatten unverzichtbar. Die Membrane-Electrode-Assembly (MEA) und das Zelldesign mussten hohe Stromdichten ermöglichen, um die Leistungsziele erreichen zu können.

Auf Basis dieser Erkenntnisse entwickelten wir gemeinsam mit den Autoherstellern eine Zielspezifikation und beantragten ein Folgeprojekt, für das wir die Bezeichnung AutoStack Core wählten, welches die Entwicklung der Komponenten-Technologie und des Stack-Designs zum Ziel haben sollte. Nach einigen Vorarbeiten konnten wir Mitte 2012 mit den Entwicklungsarbeiten im Rahmen des Projektes beginnen. Wieder war es uns gelungen, ein prominentes Konsortium zusammenzustellen Das Projektbudget betrug 15 Mio. € bei einer geplanten Projektlaufzeit von vier Jahren, in denen zwei Technologie-Generationen realisiert werden sollten.

Um das Potenzial einer engen, branchenübergreifenden und interdisziplinären Zusammenarbeit nutzen zu können, das in dieser Phase so extrem wichtig ist, ver-zichteten wir auf eine Wettbewerbssituation zwischen verschiedenen Komponenten-herstellern innerhalb des Projekts. Das war eine der Lektionen, die ich bei Ballard und Daimler gelernt hatte. Der übliche Entwicklungsprozess mit Spezifikationsvorgabe und Angebotsabgabe mehrerer Kandidaten unter größter Zurückhaltung des Informationsaus-tauschs ist ungeeignet für die Entwicklung einer neuen Technologie.

Das Projekt, das wir Anfang 2017 mit etwas Verspätung abschlossen, erzielte einen Durchbruch in einigen grundsätzlichen Aspekten der Stack-Entwicklung. Wir erreichten die bis dahin höchste international bekannte Leistungsdichte von 3,8 kW/l im Betriebs-punkt und hatten uns den Zielkosten von etwa 30 €/kW weit angenähert. Der Stack zeigte eine robuste und stabile Funktion unter allen Betriebsbedingungen und erfüllte die spezifizierten Entwicklungsziele. Unsere Entwicklung zog folglich große Aufmerksam-keit auf sich und wir bekamen viel positives Feedback vom Fördergeber, von Experten und Interessierten.

Das Entwicklungsergebnis war in gewisser Weise ein Paradox. Die Entwicklung erfolgte mit einem Budget, das gemessen an den typischen Entwicklungskosten der Autoindustrie, wo für die Entwicklung neuer Antriebe hunderte Millionen eingesetzt werden, nur einen Bruchteil ausmachte. Die Projektstruktur eines öffentlich-geförderten Projekts steht einem straffen Entwicklungsprozess in vielen Punkten entgegen. Diese Nachteile hatten wir jedoch durch interdisziplinäre Zusammenarbeit und gutes Schnittstellenmanagement mehr als wettgemacht. Die weitgehende Freiheit von firmenpolitischen Einflüssen tat ein Übriges und soll deshalb ebenfalls ausdrücklich Erwähnung finden. Das gesamte Konsortium sah sich für die jahrelangen Anstrengungen belohnt. Die Zulieferer im Projekt bekamen eine hervorragende Ausgangsbasis für die Geschäftsentwicklung im Fahrzeugbereich. Die Firma Powercell als Stack-Integrator erreichte ein wichtiges Etappenziel auf dem Weg zu einem Fahrzeugzulieferer. Die Strategie dafür hatten Geschäftsführung und Aufsichtsrat, dem ich seit 2013 angehörte, einige Jahre zuvor entwickelt und beschlossen.

Die Entwicklung blieb auch bei den großen Automobil- und Zulieferfirmen nicht unbemerkt. Einer der größten Automobilzulieferer der Welt interessierte sich für unsere Stack-Technologie und im April 2019 wurde ein Lizenzvertrag mit Bosch unterzeichnet, der die weltweite Nutzung der von uns entwickelten Technologie zum Gegenstand hatte. Ludwig Jörissen und ich hatten das Ziel erreicht, das wir uns zu Beginn unserer Zusammenarbeit 2009 gesetzt hatten. Deutschland besaß jetzt eine wettbewerbsfähige Stack-Technologie für die Fahrzeuganwendung. Wir hatten mit unseren Projekten verhindert, dass die deutsche Industrie durch strategische Untätigkeit erneut in einen Technologierückstand wie bei den Batterien geriet.

Das Ergebnis von AutoStack Core war ein fortgeschrittener Technologie-Prototyp mit dem die konstruktive und technologische Konzepttauglichkeit nachgewiesen wurde. Das ist in der Automobilindustrie der erste Schritt der Produktentwicklung, dem weitere folgen müssen, um die für eine Massenfertigung nötige Produktreife zu erreichen. Ludwig Jörissen und ich beschlossen deshalb, nicht auf halbem Weg stehen zu bleiben und ein weiteres Projekt zu entwickeln. Dazu bildeten wir erneut ein Konsortium, dem außer dem Forschungspartner ZSW ausschließlich die wichtigsten industriellen Partner angehören sollten. Da diese mit Ausnahme von Powercell alle aus Deutschland kamen, beantragten wir ein nationales Projekt bei der NOW, der Nationalen Organisation für Wasserstoff und Brennstoffzellen.

Das Projekt AutoStack Industrie begann im Mai 2017 und vereinigt erneut ein namhaftes Industrie-Konsortium mit wissenschaftlicher Begleitung durch das ZSW. Das Projektbudget von 60 Mio. € gibt einen Hinweis auf Umfang und Tiefe der Projektaktivitäten. Ein Ziel des Projektes ist das Erreichen der Produktreife für den Brennstoffzellen-Stack auf Basis der vorangegangenen Technologieentwicklung. Ein weiteres Ziel ist die Bewertung, Auswahl und Erprobung geeigneter Volumenfertigungsprozesse zur Vorbereitung der industriellen Massenfertigung des Stacks. Neben der Reifmachung stehen weitere funktionale Verbesserungen, eine Erhöhung der Leistungsdichte und das Erreichen der Kostenziele auf der Agenda. Die Zwischenergebnisse des Projekts zeigen, dass es gute Aussichten gibt, die Projektziele in allen wichtigen Parametern zu erreichen. Das von den Partnern vorgesehene Verwertungskonzept erlaubt eine flexible und faire Nutzung der Entwicklungsergebnisse durch alle Beteiligten. Das Projekt liefert so einen zentralen Technologiebaustein für die nachhaltige Elektrifizierung von Fahrzeugen mit Brennstoffzellen in einem gesellschaftlichen Umfeld, das sich gerade der großen Vorteile dieser Technologie bewusst wird, an der wir seit Jahrzehnten arbeiten.

3.2   Die Gründung der Nationalen Organisation Wasserstoff Brennstoffzelle – Ein Meilenstein in der Förderpolitik

Die Geschichte erzählt von Werner Tillmetz

Die Zeit der Neuorientierung

Die Zeit ab 2003 war durch den Flottenbetrieb der mehr als einhundert PKW (Abb. 2.3) sowie der 36 Stadtbusse geprägt. Viele andere Hersteller hatten ebenfalls Fahrzeuge in Kundenhand. Allein die Daimler Fahrzeuge hatten 2007 mehr als 3,6 Mio. Kilometer an Betriebserfahrung gesammelt (Brennstoffzellen-Forum 2007). Neben den Bussen, die tadellos ihren Alltagsbetrieb absolvierten, war für mich das Lieferfahrzeug eine ideale Anwendung für den Brennstoffzellen-Antrieb. Ab 2001 hatte ein Versanddienstleister ein solches Fahrzeug über einige Jahre im Einsatz (siehe Abb. 2.8). Paketdienste begannen mit der neuen Welt der online-Bestellungen immer wichtiger zu werden. Leise und sauber in die Wohngebiete zu fahren, sollte deshalb selbstverständlich sein.

Die Entwicklungsaktivitäten in der Autoindustrie hatten allerdings deutlich an Fahrt verloren und fokussierten sich auf ein neues Bussystem, das 2009 in einem Citaro-Bus als Hybrid aus zwei PKW-Brennstoffzellen-Systemen und einer Batterie – inzwischen gab es die Lithium-Ionen-Batterien für Fahrzeuge – präsentiert wurde. Für PKW wurde ein verbessertes System in die nächste Fahrzeug-Generation (Abb. 3.8) eingebaut, das 2009 auf der Internationalen Automobilausstellung präsentiert und 2011 auf einer Tour rund um die Welt für die breite Öffentlichkeit sichtbar gemacht wurde. Etwa 400 dieser Fahrzeuge wurden gebaut und erfreuten sich als Leasing-Fahrzeuge einer großen Nachfrage. Viele davon waren auch noch 2020, also mehr als 10 Jahre später, im Alltag unterwegs. Eigentlich wäre ab 2010 die Technik reif gewesen, vermehrt Fahrzeuge in den Markt zu bringen und die Industrialisierung (Entwicklung einer Volumenfertigung und Zulieferindustrie) weiter voranzutreiben.

Die Industrie erholte sich nach 2003 langsam von der Weltwirtschaftskrise, aber die in einem stark regulierten Markt wichtigen Marktanreize für emissionsfreie Fahrzeuge in Form einer entsprechenden Gesetzgebung fehlten. Die Zero-Emission-Vehicle (ZEV)-Gesetzgebung in Kalifornien, die ursächlich war für die umfangreichen und globalen Entwicklungen von Brennstoffzellen-Fahrzeugen in den 1990er Jahren, war inzwischen deutlich abgeschwächt worden. Für die Automobilhersteller war es nicht mehr notwendig, Nullemissionsfahrzeuge zu verkaufen. Die Automobilkonzerne, die sich

Abb. 3.8 F-Cell
B-Klasse 2016 an der
Wasserstofftankstelle in Ulm,
Bild Quelle ZSW, alle Rechte
vorbehalten

einerseits intensiv für die Entwicklung emissionsfreier Antriebe engagiert hatten, waren gleichzeitig mit ihrem Einfluss auf den Gesetzgeber in Kalifornien erfolgreich. Die neuen Regelwerke, die für die Fahrzeuge ab 2003 erfüllt werden mussten, waren auch mit emissionsarmen Verbrennungsmotoren machbar.

Das beendete auch die Geschichte des elektrischen Sportwagens von General Motors (GM), dem EV1. GM hatte 1111 Stück dieses mit Bleibatterien ausgerüsteten „Elektro-Flitzers" produziert und an Kunden verleast. Mit dem Auslaufen der ursprünglichen, fordernden Gesetzgebung wurden die Fahrzeuge dann verschrottet: Die Filmreportage „Who killed the electric car" (Reportage 2006) schildert sehr emotional die damaligen Geschehnisse. Interessanterweise entstand aus dem kalifornischen Enthusiasmus für die agilen und sauberen Elektroautos das Start-Up-Unternehmen Tesla, das damals als erstes begann, Lithium-Ionen-Batterien für den E-Antrieb zu verwenden. Die Reportage „The revenche of the electric car" (Dokumentation 2011) beschreibt sehr eindrucksvoll die ersten Jahre des Unternehmens, das einige Zeit später den weltweiten Hype für E-Fahrzeuge beschleunigen und 2020 zum erfolgreichsten Hersteller von E-Fahrzeugen werden sollte.

Für mich persönlich gab es 2003 einen Perspektivwechsel. Von nun an durfte ich das Geschehen in der Automobilindustrie von außen betrachten. Als Leiter eines Geschäftsbereiches lernte ich die ganz andere Welt eines globalen Chemie-Unternehmens kennen. Besonders interessant waren die Einblicke in die japanische Geschäftswelt, die so ganz anders agiert als die deutsche. Dazu ein Beispiel in Zusammenhang mit der Brennstoffzelle: Die japanische Industrie entwickelte unter straffer Koordination des NEDO (New Energy and Industrial Technology Development Organisation), das unter dem Dach des METI (Ministry of Economy, Trade and Industry) organisiert ist, die Brennstoffzelle für die Strom- und Wärmeerzeugung im Einfamilienhaus. Meine japanischen Kollegen belieferten die Hersteller mit den Katalysatoren für die Wasserstofferzeugung aus Erdgas. Die vom NEDO organisierte, sehr enge und langfristig orientierte Zusammenarbeit der beteiligten Industriepartner beeindruckte mich. Hinzu kam das konsequente Festhalten an sehr langfristigen Zielen – meist über zehn Jahre oder länger. Eine sehr hohe, aber auch stark degressive Förderung der Markteinführung, sowie eine komplett japanische Wertschöpfung waren Kernelemente der japanischen Strategie. 15 Jahre später sollten dann 400.000

Geräte im Markt sein und der Export nach Europa zunehmend an Fahrt gewinnen. Die Kosten mussten durch die degressive Förderpolitik von Generation zu Generation deutlich gesenkt werden und die Lebensdauer der Brennstoffzellen-Geräte hat inzwischen beeindruckende 90.000 h erreicht.

Eine erneute berufliche Veränderung stand für mich zum Jahresende 2004 an. Ich betrat die mir bislang kaum bekannte Welt der Universitäten und der öffentlichen Forschung, die sich so deutlich von der der Industrie unterscheidet. Als Vorstand am Zentrum für Sonnenenergie- und Wasserstoffforschung (ZSW) in Ulm, verbunden mit einer Professur an der Universität Ulm, war ich jetzt für die Forschung zu Batterien, Brennstoffzellen und Wasserstoff verantwortlich. In der neuen Rolle sollte ich aber auch meine bislang nur bescheidenen Kontakte in das politische Geschehen rund um die Technologien der Zukunft deutlich ausweiten.

Die ersten Kontakte mit der Politik

Nachdem die kalifornische Gesetzgebung von 1990 so enorm viel Einfluss auf die Entwicklung der Brennstoffzelle genommen hatte, stellte sich die Frage: Wie sind denn die Pläne der deutschen und europäischen Politik zur Brennstoffzelle, die in vielfältigen Anwendungen eine ressourcenschonende und emissionsfreie Stromerzeugung ermöglichen würde?

Anfang 2004 saß ich mit Kollegen aus dem Vorstand der European Fuel Cell Group, einer kleinen, europäischen Vereinigung von Unternehmen, die sich mit der Entwicklung von Brennstoffzellen in verschiedenen Anwendungen beschäftigten, in Frankfurt zusammen. Wir wollten uns Gedanken machen, wie wir in Deutschland die Brennstoffzelle politisch besser positionieren konnten. Eine Schlüsselfrage unserer Analyse war: Wer spricht denn in Deutschland mit der Politik über Brennstoffzellen? Wir begannen die Namen aller Organisationen, die wir kannten, an die Tafel zu schreiben. Am Ende kamen wir auf 24 Verbände oder Vereine. Alle agierten unkoordiniert und sandten die unterschiedlichsten Botschaften an Öffentlichkeit und Politik. Das konnte wirklich nicht sehr erfolgreich sein. Als ersten Schritt luden wir diese 24 Organisationen zu einem Strategiegespräch nach Ulm ein – und alle kamen. Schnell waren wir uns einig, ein gemeinsames Strategiepapier „Brennstoffzelle" zu erarbeiten, mit dem wir gemeinsam gegenüber der Politik mit klaren und gleichen Botschaften auftreten konnten. Die eigentliche Arbeit führte dann wie so häufig eine kleine Gruppe der Fleißigen durch. Nach wenigen Monaten war das Papier fertig und abgestimmt und wir traten gemeinsam unter dem Namen „Brennstoffzellen-Bündnis Deutschland" auf. Der Auftakt war eine sehr gut besuchte Veranstaltung in der Vertretung des Landes Niedersachsen in Berlin, gemeinsam mit dem damaligen Ministerpräsidenten Christian Wulf. Eine Gesprächsrunde mit den energiepolitischen Sprechern der Bundestagsfraktionen in Berlin war der nächste Schritt.

Im Frühjahr 2005 traf ich in Brüssel meinen ehemaligen Kollegen aus der Ballard-Zeit in Nabern, Dr. Klaus Bonhoff. Er war nach den Turbulenzen der Umstrukturierung 2003 in die Daimler Konzernkommunikation gewechselt und nahm ebenfalls an der Veranstaltung der Europäischen Kommission zu Brennstoffzellen und Wasserstoff teil. Wir sprachen über die Pläne unseres neuen Brennstoffzellen-Bündnisses und überlegten, wie wir auch das deutsche Verkehrsministerium einbinden könnten, da Fahrzeuge eine ganz entscheidende Anwendung der Brennstoffzelle sind. Bis dahin engagierte sich traditionell nur das Wirtschaftsministerium im Rahmen der Energieforschung für die Förderung von Brennstoffzellen. Klaus Bonhoff verschwand kurz und kam mit einer sympathischen Dame, ihres Zeichens Referentin im Berliner Verkehrsministerium zurück. Wir erklärten ihr unsere Gedanken zum Ausbau und stärkeren Koordination der Brennstoffzellen-Aktivitäten in Deutschland, vor allem auch in der Mobilität. Sie war sofort mit Feuer und Flamme dabei und wir verabredeten uns zu weiteren Gesprächen.

Zwei weitere Ansätze zu einer Stärkung der Aktivitäten kamen parallel von zwei Kollegen, die mit dem Wirtschaftsministerium einerseits die Aktion „BreZell" zum Ausbau der Brennstoffzellen-Forschung und anderseits die Entwicklung einer Wasserstoffstrategie initiiert hatten. Gemeinsam wurden wir uns schnell einig, dass wir diese Ansätze zusammenführen sollten. So entstand der „Strategierat Wasserstoff Brennstoffzelle", bestehend aus Vertretern der Ministerien (Verkehr, Wirtschaft), der Industrie (Daimler, BMW, VDMA, Vattenfall…) und der Forschung (ZSW, TU München…). Wir begannen uns regelmäßig zu treffen, um das weitere Vorgehen zu besprechen.

Die Gründung der Nationalen Organisation Wasserstoff Brennstoffzelle (NOW)
Im Sommer 2005 fand der Wahlkampf für den 16. Deutschen Bundestag statt. Die Politikprofis im Strategierat wussten unser Thema geschickt in die entsprechenden Papiere der Parteien einzubringen und wir erreichten, dass im Koalitionsvertrag 2005 die Einrichtung eines „Nationalen Innovationsprogramms Wasserstoff Brennstoffzelle" verankert wurde. Sobald der Koalitionsvertrag unterschrieben und die Regierung gebildet war, musste als erstes der Haushalt für das kommende Jahr verabschiedet werden. Unsere agile Kollegin aus dem Verkehrsministerium hatte das Thema Wasserstoff und Brennstoffzelle bereits im Ministerium fest platziert. Aber welches Budget sollte sie in den Haushalt einstellen? Die Frage ging an uns, die Kollegen im Strategierat. Für eine detaillierte Planung durch alle Akteure, wie wir sie dann später regelmäßig machen sollten, blieb keine Zeit mehr. Wir hatten aber die Budgetansätze der Wasserstoff und Brennstoffzellen Plattform (Hydrogen and Fuel Cell Technology Platform (HFCP)) der Europäischen Kommission als Basis. Dort waren mehr als drei Milliarden Euro für die nächste Legislaturperiode von sieben Jahren von den Akteuren aus der Brennstoffzellen-Szene gefordert worden, die allerdings später bei weitem nicht realisiert werden sollten. So überlegten wir uns, dass analog zu den EU-Plänen für Deutschland ein Budget von 500 Mio. Euro für ein deutsches Zehn-Jahresprogramm sinnvoll sein könnte. Diese Zahl fand dann Eingang in den Haushaltsplan, der ohne Kürzungen durchging. Das Verkehrsministerium stellte damit 50 Mio. Euro pro Jahr an Fördergeldern zur Verfügung. Inspiriert von den japanischen Programmen waren für mich die 10 Jahre Laufzeit noch wichtiger als das jährliche Budget. Die Umsetzung eines so großen Themas braucht viel Zeit und nach acht Jahren begannen wir die Verlängerung des Nationalen Innovationsprogrammes um weitere zehn Jahre zu planen. Eine sehr langfristig angelegte und

konsequent verfolgte Strategie, so wie viele asiatische Organisationen das machen, ist für den Erfolg entscheidend.

Für die Umsetzung des Programms gab es noch keine Organisation und auch die Tatsache, dass das Verkehrsministerium so ein Programm plante, war nicht bekannt. Bis dahin beschäftigte es sich primär mit dem Bau von Autobahnen und Schienennetzen. Technologiethemen zu bearbeiten war für das Ministerium neu.

Im März 2006 erhielt ich in meinem Büro den Anruf eines Journalisten, der sich nach dem 500-Millionen-Programm erkundigte, das Minister Tiefensee gerade verkündet hatte. Für mich kam die öffentliche Bekanntmachung unserer Pläne sehr überraschend und ich bat den Journalisten um etwas Geduld sowie einen späteren Rückruf. Sogleich rief ich im Verkehrsministerium an, um die Hintergründe für die Veröffentlichung zu erfahren. Minister Tiefensee hatte bei der Einweihung einer Wasserstofftankstelle in Berlin, gemeinsam mit seinem französischen Amtskollegen, tatsächlich das Nationale Innovationsprogramm Wasserstoff mit einem Budget von 500 Mio. verkündet. Die Bombe war geplatzt. Jetzt war der Strategierat gefordert, gemeinsam mit dem Ministerium zügig die konkrete Umsetzung zu gestalten.

Zunächst mussten alle Brennstoffzellen-Akteure in Deutschland die zu fördernden Aktivitäten definieren. Die Fördersumme des Verkehrsministeriums mit 50 Mio. war ansehnlich und musste nach den geltenden Regelwerken mit mindestens der gleichen Summe an eigenen Mitteln der Wirtschaft ergänzt werden. Zu dieser Zeit erfolgte die Förderung anwendungsnaher Brennstoffzellen-Forschung weitestgehend durch das Wirtschaftsministerium im Rahmen des Energieforschungsprogrammes. Mit den jährlich knapp 20 Mio. Euro konnten aber nur Technologieforschung und deren Demonstration mit Prototypen finanziert werden. Durch das Nationale Innovationsprogramm (NIP) sollte erstmals in Deutschland auch die breite Erprobung im Feld oder in der Flotte möglich werden. Auch das komplette Umfeld der Technologie, wie beispielsweise die Betankungsinfrastruktur oder sozioökonomische Fragestellungen zur Akzeptanz der Technologie in der Bevölkerung sollten Teil der Förderung werden. Zusätzlich strebten wir eine Bündelung der Aktivitäten in sogenannten Leuchtturmprojekten an. Damit sollten alle Projekte zu einem Themenkomplex übergeordnet in sogenannten „Leuchttürmen" koordiniert werden.

Die deutschen Akteure waren jetzt gefordert, Projektvorschläge zu unterbreiten. Die ganze Palette der Brennstoffzellen-Anwendungen sollte zum Tragen kommen: die Strom- und Wärmeerzeugung für das Einfamilienhaus, dezentrale Blockheizkraftwerke, Flurförderzeuge, Notstromversorgungen und natürlich die Fahrzeuganwendungen, die bislang in Deutschland nur sehr begrenzt gefördert wurden. Zu letzterer kamen bis Anfang der 2000er Jahre die meisten Fördergelder von der Europäischen Kommission.

Im Herbst 2006 lud Verkehrsminister Tiefensee die Vertreter der Industrie zu einem Fachgespräch nach Berlin ein. Das Interesse war so groß, dass die Hälfte der Teilnehmer nur noch einen Stehplatz im Veranstaltungsraum erhielt. Mit dem lebhaft artikulierten Interesse der zahlreich erschienen Industrievertreter war ein sehr wichtiges politisches Signal für die politische Weichenstellung und Unterstützung gesetzt worden. Wir brauchten jetzt eine Organisation, die diese Förderprojekte auch formal bearbeiten und umsetzen konnte. Uns, den Initiatoren des Programmes, schwebte eine Programm-Gesellschaft vor, die das Thema strategisch entwickeln und vorantreiben konnte, ähnlich der Vorgehensweise des japanischen NEDO. Die neue Organisation sollte in enger Abstimmung mit den anderen Ministerien, den Bundesländern, der EU und weiteren internationalen Gremien und vor allem mit den Industriepartnern agieren. Nach langer Diskussion war es endlich gelungen, Konsens zur Gründung einer solchen Programmgesellschaft herzustellen.

Schlussendlich dauerte es dann doch noch mehr als ein Jahr bis alle Formalitäten erledigt waren. Nach der Zustimmung der Bundesregierung startete die neu gegründete Nationale Organisation Wasserstoff- und Brennstoffzellen-Technologie GmbH (NOW) offiziell im Februar 2008 ihre Tätigkeit. Als nächstes musste ein Geschäftsführer gefunden werden, der die Organisation aufbauen und die Themen vorantreiben würde. Dr. Klaus Bonhoff, der intensiv an den Vorbereitungen für das Innovationsprogramm beteiligt war, erklärte sich bereit, die neue Programmgesellschaft zu führen. Er hatte für diese Rolle sehr wichtige Erfahrungen aus seiner Industrietätigkeit im Umfeld der Brennstoffzelle, aber auch während seiner Zeit am Forschungszentrum in Jülich gesammelt. Das waren gute Voraussetzungen, um zügig eine kompetente Organisation aufzubauen und die NOW zu einer erfolgreichen Programmgesellschaft zu entwickeln. Der Strategierat, der bislang als informelle Arbeitsgruppe der wichtigsten Akteure tätig war, bekam jetzt eine formale Rolle als Beirat der NOW. Dieser Beirat war und ist für die strategische Ausrichtung des Nationalen Innovationsprogrammes und die enge Kommunikation mit allen Akteuren in der Industrie, Wissenschaft und Politik verantwortlich. Der Vertreter des Wirtschaftsministeriums und ich wurden zu den Vorsitzenden des Beirates gewählt und leiteten über viele Jahre die Sitzungen und Aktivitäten des Beirates.

An der Schnittstelle zwischen Wissenschaft, Industrie und Politik
Die Erkenntnis ist nicht neu: Nachhaltige Mobilität bezieht ihren Energiebedarf aus erneuerbaren Energien und nutzt effiziente und emissionsfreie Antriebstechnologien. Wenn Mitte der 1990iger Jahre die Luftverschmutzung in Los Angeles und die daraus resultierenden hohen Kosten im Gesundheitssystem Treiber für das kalifornische Null-Emissions-Mandat waren, so ist heute die Reduktion von CO_2-Emissionen für Regierungen weltweit der Treiber zum Handeln. Nur langsam wird der Gesellschaft bewusst, dass die Folgekosten des Klimawandels sehr viel höher sein werden als die notwendigen Investitionen in nachhaltige Energie- und Mobilitätssysteme. In Deutschland ist eine Reduktion der CO_2-Emissionen im Verkehrssektor um 48 % bis 2030, auf der Basis von 1990, auf dann 85 Mio. Tonnen in der Novellierung des Klimaschutzgesetzes in 2021 verbindlich verankert.

Heute diskutieren wir zum Teil sehr emotional über die beste Technologie, um die CO_2-Ziele im Verkehrssektor zu erreichen. Batterie oder Brennstoffzelle? Welche Rolle spielen synthetische Kraftstoffe und welchen Beitrag können Verlagerungen zu effizienteren Verkehrsträgern sowohl im Güter- als auch im Personenverkehr leisten? Bereits Ende der 1990iger Jahre wurden detaillierte Analysen in der vom Bundesverkehrsministerium initiierten „Verkehrswirtschaftlichen Energiestrategie" (VES) durchgeführt. Die Lithium-Ionen-Technologie war für Batterie-Systeme im Fahrzeug damals noch nicht verfügbar und aus den zahlreichen Kombinationsmöglichkeiten von Energiequelle, -träger und -umwandlung war und ist die mit Wasserstoff betriebene Brennstoffzelle eine notwendige Option, die zudem hohe Wertschöpfungspotentiale für den Automobilstandort Deutschland bietet.

Industrie und Politik haben Anfang der 2000er Jahre gemeinsam verabredet, Flotten von Brennstoffzellen-Fahrzeugen, die an öffentlichen Wasserstofftankstellen betankt werden, zu erproben. Ich war ab 2003 als Mitarbeiter der Daimler-Chrysler AG verantwortlich für den Einsatz der 60 Mercedes-Benz A-Klasse „f-cell"-Fahrzeuge, die ab Ende 2004 in den Kundenbetrieb gingen; in Deutschland im Rahmen der 2003 ins Leben gerufenen Clean Energy Partnership (CEP), zudem in den USA, in Japan und in Singapur. In jedem dieser Länder haben wir mit Infrastrukturpartnern, Wettbewerbern und mit der jeweiligen Regierung die Voraussetzungen für einen erfolgreichen Demonstrationsbetrieb geschaffen. Es war allen Beteiligten klar, dass sowohl technische Entwicklungen als auch regulative Rahmenbedingungen weiter vorangetrieben werden müssen, um eine echte Alternative im Markt zu bieten. Dabei waren die unterschiedlichen Herangehensweisen, Kulturen und Beziehungen zwischen Politik und Industrie offensichtlich. Besonders beeindruckend war für mich das sehr fokussierte, mit viel öffentlichem Geld hinterlegte und streng auf technische Ziele orientierte Vorgehen des Department of Energy (DoE) in den Vereinigten Staaten von Amerika, sowie die stringente Zusammenarbeit privater und öffentlicher Akteure in Japan.

Im Verlauf meines Berufslebens habe ich immer an den Schnittstellen zwischen Wissenschaft, Industrie und Politik gearbeitet; mal aus der einen, mal aus der anderen Perspektive. Die großen Herausforderungen benötigen ein koordiniertes Vorgehen aller gesellschaftlichen Kräfte! Die Programme in den USA und in Japan waren Ansporn in Deutschland und in Europa den Anschluss nicht zu verlieren. So war 2006 die Grundidee für das Nationale Innovationsprogramm Wasserstoff und Brennstoffzellen-Technologie, einen längerfristig stabilen Förderrahmen zu etablieren und eine Umsetzungsstruktur über einen Zeitraum von mindestens 10 Jahren zu schaffen, die eine aktive Mitwirkung aller Akteure ermöglicht. Nicht nur in Deutschland, sondern auch in Europa haben wir uns damals intensiv für derartige Programme und Strukturen eingesetzt. Dabei lag der Fokus in Deutschland wie auch in Europa klar darauf, die Schwelle aus der Forschung und Entwicklung heraus zur praktischen Erprobung im Alltag zu überwinden, durchaus ein Novum in der öffentlichen Forschungsförderung. In einem iterativen Prozess wurden Felderfahrungen aus Flottendemonstrationen in Entwicklungsprozesse zurückgespeist, um so beschleunigt die nächste Technologiegeneration bei Kunden zu erproben.

Mit diesem Ansatz wurde im Februar 2008 die „NOW GmbH Nationale Organisation Wasserstoff und Brennstoffzellen-Technologie" im Sinne einer Public–Private-Partnerschaft als bundeseigene Gesellschaft gegründet. Ich erinnere mich gut an die intensive Debatte darüber, warum es neuer Strukturen bedürfe und welchen Mehrwert eine Programmgesellschaft gegenüber bestehenden Einrichtungen habe. Am Ende schafften wir einen breiten Konsens darüber, dass ein neutraler Akteur und Treiber einen sinnvollen und stabilisierenden Faktor in einem so langfristig angelegten Thema darstellt. Diese Rolle, eines von allen Beteiligten akzeptierten Treibers, hat die NOW GmbH dann ab 2009 insbesondere bei der Gründung der H2-Mobility-Initiative eingenommen. Global agierende Konzerne vorwettbewerblich zusammenzuführen war beispielgebend und die Basis dafür, dass Deutschland heute mit das am besten entwickelte Wasserstoff-Tankstellennetz weltweit hat. Zudem hat das Verkehrsministerium nach der Gründung der NOW GmbH, diese beauftragt, auch die Programme zur batterie-elektrischen Mobilität und zur Umsetzung der Mobilitäts- und Kraftstoffstrategie umzusetzen. Nachhaltige Mobilität aus einer Hand, Technologien komplementär zueinander fördern und nutzen, also: Batterie und Brennstoffzelle!

Die notwendige technologische Vielfalt ist nicht zuletzt auch eine industriepolitische Chance für den Automobilstandort Deutschland. Der vor uns liegende Transformationsprozess ist eine lange Reise, die das Zusammenwirken aller gesellschaftlichen Kräfte erfordert. Mit der NOW GmbH haben wir einen Weg aufgezeigt, wie dies gelingen kann.

Dr. Klaus Bonhoff ist promovierter Maschinenbauingenieur. Er war nach beruflichen Tätigkeiten im Forschungszentrum Jülich, bei dem kanadischen Brennstoffzellen-Hersteller Ballard und bei der DaimlerChrysler AG der erste Geschäftsführer der NOW GmbH Nationale Organisation Wasserstoff und Brennstoffzellen-Technologie. Seit 2019 ist Dr. Bonhoff Leiter der Abteilung Grundsatzangelegenheiten im Bundesministerium für Verkehr und digitale Infrastruktur (BMVI) und verantwortet dort u. a. die Programme zur CO_2-Reduktion im Verkehrssektor.

Das Nationale Innovationsprogramm Wasserstoff Brennstoffzelle

Die NOW nahm ihre Arbeit auf und die ersten Förderprogramme konnten starten. Der Beirat der NOW setzte übergeordnet die Themenschwerpunkte und machte Vorschläge für die Budgetverteilung auf die verschiedenen Anwendungsbereiche. Bei diesem Thema wurden die Sitzungen immer ganz besonders lebhaft. Die Vertreter der vier Branchen – Verkehr, Hausenergieversorgung, Stationäre Stromversorgung und Spezielle

Märkte – kämpften vehement für möglichst viel Fördermittel zu ihren Themen. Am Schluss stellte sich über viele Jahre hinweg heraus, dass zum Ende des jeweiligen Haushaltsjahres, trotz heftiger Kämpfe, viele Gelder nicht abgerufen worden waren. Der Geschäftsführer der NOW musste dann all seine Überredungskünste anwenden, um die Mittel in das nächste Haushaltsjahr zu retten, da sich Bundesregierung und Parlament streng am jährlich verabschiedeten Haushaltsplan orientierten. Die Industrie benötigte natürlich Zeit für die Einstellung von Personal, die Beschaffung von Anlagen aber auch für die Genehmigung der erforderlichen Eigenmittel durch die Vorstände. Gerade der letzte Punkt sollte immer wieder zu Rückschlägen führen. Je nach Konjunktur bzw. wirtschaftlicher Lage der Firmen änderte sich die Bereitschaft, in die Zukunftsthemen Brennstoffzelle und Wasserstoff zu investieren. Häufig fielen dieser kurzfristig ausgerichteten „Strategie" mancher Firmen auch vielversprechende Projekte zum Opfer. Kurzfristige Renditeerwartungen von Aktionären waren in diesem Kontext ebenfalls nicht besonders hilfreich.

Ein weiteres Phänomen, das ich beobachtete, war die Tatsache, dass in der Industrie eine Zusammenarbeit über die immer feinteiliger gewordenen Wertschöpfungsketten hinweg kaum zu finden war. Jeder konkurrierte mit Jedem. Basisinnovationen brauchen aber eine langfristige strategische Zusammenarbeit über möglichst viele Bereiche der neu entstehenden Wertschöpfungskette hinweg, die sich bei diesen Innovationen meist sehr deutlich verändert. Im Rahmen der Förderung waren zwar Verbundprojekte mit mehreren Partnern üblich. Das war aber nur eine auf die Laufzeit des Förderprogramms und die ganz spezifischen Themen fokussierte Gemeinsamkeit.

Im Laufe des Innovationsprogrammes reifte immer mehr die Erkenntnis, dass für die breite Markteinführung komplett neuer Technologien F&E-Förderung und Demonstrationsprojekte alleine noch nicht ausreichen. Die Kosten für die in geringen Stückzahlen hergestellten Produkte sind einfach zu hoch, um mit der etablierten und in Millionen Stückzahlen produzierten, traditionellen Technologie konkurrieren zu können. Grundsätzlich gibt es zwei Ansätze, dieses Dilemma zu lösen: In stark regulierten Märkten, wie der Energieversorgung oder Mobilität, kann man den Schaden, der durch die Emission von Klimagasen oder Schadstoffen entsteht, mit Steuern oder Strafzahlungen belegen. Beispiel hierfür ist die Zero Emission Gesetzgebung in Kalifornien (ab 1990) oder die CO_2-Abgaben für Kraftwerke. Auf der anderen Seite kann man die neuen, emissionsfreien Technologien über Prämien oder andere Maßnahmen fördern. Beispiele hierfür sind das Erneuerbare-Energien-Gesetz, die Kaufprämie für Elektrofahrzeuge oder der Entfall von Straßennutzungsgebühren für emissionsfreie Fahrzeuge.

Für solche Markteinführungsinstrumente bedarf es allerdings eines rechtlichen Rahmens, der einen entsprechenden politischen Willen voraussetzt. Dieser war in der ersten Phase des Nationalen Innovationsprogramm Wasserstoff Brennstoffzelle (NIP 2016) bis 2015 nicht möglich, sollte aber ein wesentliches Element der zweiten Phase werden.

Etwa zwei Jahre vor Ablauf der ersten Phase begannen wir im Beirat der NOW über die Fortführung zu diskutieren. Die sehr offene und konstruktive Analyse führte zu dem

Ergebnis, dass Wasserstoff und Brennstoffzellen eine steigende Relevanz bekamen und die Programmgesellschaft eine sehr gute Arbeit leistete. Wir begannen, uns mit dem Nachfolgeprogramm, dem NIP 2, zu befassen.

Die breite Markteinführung der Fahrzeuge, die Tankstellen-Infrastruktur und die Erzeugung von Wasserstoff sollten die prägenden Themen der Fortführung sein. Für die formale Umsetzung bedurfte es erneut auch der politischen Unterstützung der Ministerien. Als Vorsitzender des Beirates bekam ich im Sommer 2014 den Auftrag, entsprechende Briefe an die Minister für Wirtschaft und für Verkehr zu verfassen. Interessant waren die sehr unterschiedlichen Reaktionen auf mein Schreiben. Vom damaligen Wirtschaftsminister kam sehr schnell eine äußerst positive, unterstützende Rückmeldung. Aus dem Verkehrsministerium kam viele Wochen überhaupt keine Reaktion. Erst als ich beim zuständigen Staatssekretär massiv auf einen Gesprächstermin drängte, kam es zu einem ausführlichen Gespräch mit den Verantwortlichen im Ministerium.

Das zögerliche Verhalten hatte sehr viel mit der deutschen Industrie und besonders mit der Automobilindustrie zu tun. In der Öffentlichkeit und damit auch im Parlament war wenig von einer Aufbruchsstimmung der einheimischen Branche zu spüren. Symbolisch dafür war folgende Aussage im Verlauf des Gespräches mit den Kollegen des Ministeriums: „Die Brennstoffzellen-Fahrzeuge im Fuhrpark des Ministeriums sind jetzt mehr als fünf Jahre alt. Damit lässt sich kein Minister mehr in der Öffentlichkeit sehen. Und wir können doch kein japanisches Fahrzeug in den Fuhrpark eines deutschen Ministeriums aufnehmen, wenn die deutschen Hersteller nicht in der Lage sind, Fahrzeuge auf die Straße zu bringen". Damit hatten die Kollegen natürlich völlig recht. Trotz der Vorbehalte gelang schließlich die Fortführung und neue Schwerpunktsetzung des Programmes und der Programmgesellschaft.

Kurze Zeit nach dem Beginn des NIP 2 im Jahre 2016 nahm das Thema Wasserstoff weltweit immer mehr an Fahrt auf und 2019 begannen die Aktivitäten förmlich zu explodieren – ein globaler Megatrend mit vielen Milliarden an Investitionen durch Wirtschaft und Regierungen war entstanden (Abb. 3.9).

Abb. 3.9 Die zweite, kommerziell verfügbare Generation des Brennstoffzellen-Fahrzeuges Nexo von Hyundai an der Wasserstoff-Tankstelle in Ulm; Bild Quelle ZSW, alle Rechte vorbehalten

Die Nationale Plattform Elektromobilität (NPE) und die deutsche Batterie-Strategie
Nach dem Ende der kalifornischen Gesetzgebung für emissionsfrei Fahrzeuge (ZEV)
2003, den Terroranschlägen vom 9.September 2001, dem Absturz der Neuen Marktes
2002 und der nachfolgenden Weltwirtschaftskrise war es sehr ruhig um die alternativen
Antriebe geworden. Die einzige Ausnahme war die Firma Toyota, die mit dem Prius
ihre Hybridtechnologie unbeirrt weiterverfolgte. Erst ab etwa 2007 begann sich die
Autoindustrie wieder verstärkt für die E-Mobilität, jetzt mit Batterien, zu interessieren.
Tesla hatte die ersten Flottenfahrzeuge auf der Basis des Lotus Elise mit tausenden von
Lithium-Batteriezellen, die auch in Notebooks zum Einsatz kamen, ausgerüstet. Davon
inspiriert, begannen weitere Hersteller eigene Modelle zu entwickeln und auf den
Markt zu bringen (Dokumentation 2011). Im Zuge des weltweit schnell wachsenden
Interesses an der Elektromobilität entstand in Deutschland 2009 die Nationale Plattform Elektromobilität (NPE). Alle Akteure aus Wissenschaft, Wirtschaft und Politik
sollten eine gemeinsame Strategie zu Elektromobilität entwickeln. Das Motto der
Bundesregierung „Deutschland soll Leitmarkt und Leitanbieter für die E-Mobilität
werden" war gut gewählt und vielversprechend. Natürlich muss Deutschland als Auto-
mobilland bei Zukunftstechnologien führend sein und eine marktreife, vom Kunden
akzeptierte Technologie für den Heimmarkt und für internationale Märkte entwickeln.
Zehn Jahre später zeigte sich allerdings: Norwegen, China und Kalifornien sollten die
Leitmärkte sein und Leitanbieter war – allen voran – Tesla. Ich durfte über viele Jahre
in verschiedenen Arbeitsgruppen der NPE mitarbeiten und will daraus einige spannende
Beobachtungen schildern.

Die Chefs der Automobilindustrie, der Energieversorger, mehrerer Industrieverbände
und Vertreter der Forschung trafen sich im Abstand von etwa 18 Monaten, um mit der
Bundeskanzlerin und den Ministern aus den Ressorts Verkehr, Wirtschaft, Umwelt und
Forschung den aktuellen Status zur Elektromobilität zu diskutieren. Ich war als einer der
Vertreter der Forschung an der illustren Runde beteiligt. Die Treffen zeigten schmerz-
haft, warum wir uns mit radikalen Innovationen so schwertun.

Beim ersten Treffen mit der Bundeskanzlerin hielt der Vorstandsvorsitzende eines
großen Energieversorgers eine flammende Rede zum Aufbau der Ladeinfrastruktur und
dem großen Engagement, das seine Branche aufzubringen beabsichtigt. Ich wunderte
mich etwas über seine Euphorie. Die angestrebte eine Million Elektroautos in 2020
würden gerade mal 0,3 % des in Deutschland erzeugten Stromes verbrauchen. Mit dieser
relativ einfach zu machenden Abschätzung fiel es mir schwer, ein tragfähiges Geschäftsmodell für die Energieversorger zu erkennen. In der nächsten Sitzung schlug dann diese
Branche ganz andere Töne an. Sinngemäß hieß es: „Der Aufbau der Ladeinfrastruktur
wird sehr teuer. Aber bei einem entsprechenden Entgegenkommen der Regierung könne
man sich eine Beteiligung am Aufbau vorstellen". Zehn Jahre später war Deutschland nicht sehr viel weiter vorangekommen, während der kalifornische Leitanbieter die
Ladeinfrastruktur als Teil des eigenen Geschäftsmodelles betrachtete und diese für seine
Kunden auf eigene Kosten sehr schnell aufbaute. Mit der internetbasierten Kopplung von
Ladestrategie und geplanter Reiseroute konnte Tesla seinen Kunden die Reichweiten-

angst nehmen. Keiner der traditionellen Fahrzeughersteller kam zu dieser Zeit auf die Idee, das einfach genauso zu machen. In der etablierten Denkwelt sind dafür die Energieversorger und/oder die Regierung verantwortlich. Idealerweise würden sich diese Akteure zusammenschließen und eine strategische, langfristig stabile Allianz bilden. So etwas funktioniert in der westlichen Welt, wenn überhaupt, erst dann, wenn der Leidensdruck extrem wird. Diese Art strategischer Zusammenarbeit findet man in asiatischen Ländern häufiger, wo Politik und Industrie gemeinsam an einer langfristigen Strategie arbeiten.

Am zweiten Treffen mit der Bundeskanzlerin 2011 nahm ein taufrischer Wirtschaftsminister teil. Er war eine Stunde vor Beginn der NPE-Veranstaltung zum neuen Bundeswirtschaftsminister vereidigt worden. In seiner kurzen Einstiegsrede betonte er sogleich, dass es mit ihm keine Subventionen für die Elektromobilität geben werde. Die seit Jahrzehnten bestehenden Subventionen für Dieselkraftstoff oder den Abbau von deutscher Kohle schienen dagegen keine Rolle zu spielen. Diese Aussage zeigt das ganze Dilemma vieler Politiker im Umgang mit Basis-Innovationen und der wichtigen Rolle vom Markteinführungsinstrumenten, wie sie gerade in Asien sehr konsequent eingesetzt werden. Und das gilt auch weltweit, wie die IEA in ihrem World Energy Outlook 2011 aufzeigte: Die weltweiten, jährlichen Subventionen für Erneuerbare Energien betrugen damals etwa 66 Mrd. US $, die für fossile Energien 409 Mrd. US $ (IEA WEO 2011).

Die Botschaften zur Batterie-Technologie, die ab 2010 aus den Vorstandsetagen deutscher Konzerne vermeldet wurden, klangen insgesamt sehr verwirrend. Für jemanden, der sich sein ganzes Berufsleben technologisch im Detail mit Batterien, Brennstoffzellen und Elektrolyse auseinandergesetzt hatte, passte da vieles nicht zusammen. Technologische Quantensprünge in der Batterie-Technologie wurden vorhergesagt und alle zwei Jahre eine neue Technologie favorisiert. Zunächst waren die Lithium-Luft-Batterien der große Renner. Dann kam die Lithium-Schwefel-Batterie an die Reihe und seit einigen Jahren ist die Festkörperbatterie der neue Star. Die Presse nahm solche Meldungen gerne auf und befeuerte so die Erwartungen.

Ich erhielt in dieser Zeit Besuch von hochrangigen Vertretern des japanischen NEDO (New Energy and Industrial Technology Development Organisation; eine Organisation des japanischen Ministeriums für Wirtschaft, Handel und Technology), um über die deutsche Forschungsstrategie zu reden. Ich nutzte die Gelegenheit, die Japaner nach deren Plänen bei der Entwicklung von Batterien für die Elektromobilität zu fragen. Schließlich gehörte Japans Batterie-Industrie zu den weltweit führenden Anbietern. Sie zogen eine Grafik mit der japanischen Batterie-Roadmap aus der Tasche: Für die nächsten 10 Jahre dreht sich alles um die Weiterentwicklung bestehender Technologien, was dann tatsächlich auch so eintreten sollte. „Und wo ist die Lithium-Luft-Batterie?" fragte ich meine Besucher. Ganz rechts oben in der Grafik im Jahre 2037 war diese Technologie in der Darstellung zu finden. „Sie ist mit extrem hohem Forschungsaufwand verknüpft und wir wissen nicht, ob wir das bis dahin auch wirklich schaffen" war der ergänzende Kommentar der Japaner. Das passte zu meiner Einschätzung.

Obwohl die deutschen Konzerne exzellente Experten in ihren Forschungsabteilungen haben, die Technologien sehr gut einschätzen können, kommt es immer wieder zu wenig nachvollziehbaren und Verwirrung stiftenden Aussagen. Ganz anders kenne ich das aus asiatischen Organisationen. Die Experten führen sehr aufwendige, tiefgehende Analysen durch und die Ergebnisse werden nach einer sehr ausführlichen Diskussion in eine langfristige, stringent umgesetzte Strategie überführt.

Eine weitere, eindrucksvolle Anekdote, die die Unterschiede zu Asien deutlich macht, ereignete sich im Mai 2013 auf einer internationalen Konferenz zur Elektromobilität. Kurz davor, bei dem Treffen der NPE mit der Bundeskanzlerin, fand eine offene Diskussion zu China und dessen konkreten Plänen zur Elektromobilität statt. Für mich überraschend, gab es niemanden, auch nicht von der in China schon lange agierenden Autoindustrie, der eine gute Antwort auf diese Frage geben konnte oder wollte. Auf der internationalen Konferenz hielt dann der damalige chinesische Minister für Technologie, Wang Gang, eine Rede, die so ganz anders war, als die Reden seiner deutschen Amtskollegen. Der ehemalige Audi-Ingenieur Wang Gang sprach in perfektem Deutsch und legte mit Hilfe einer Power-Point Präsentation die chinesische Strategie zur Elektromobilität dar: „Warum Elektromobilität?" war seine Einstiegsfrage. „Der Treiber ist doch der Klimaschutz, die Reduktion der CO_2-Emissionen im Verkehr. Und wie können wir am schnellsten die CO_2-Emission pro Personenkilometer, das ist die entscheidende Zahl, reduzieren?" so seine Fragestellung sinngemäß. Das Ergebnis war sehr klar: Mit der Elektrifizierung des öffentlichen Nahverkehrs kann man am schnellsten die Emission der Klimagase im Verkehr reduzieren. „Und danach kommt dann der Individualverkehr an die Reihe", so die Schlussfolgerung der chinesischen Strategie. Drei Jahre später waren in chinesischen Städten schon 300.000 Busse mit Batterien aus chinesischer Produktion unterwegs. In Deutschland wurde noch lange danach die Inbetriebnahme eines einzigen elektrischen Stadtbusses als Sensation gefeiert, wie die Abnahme des ersten serienreifen Elektrobusses in Hamburg 2018 beispielhaft zeigt (Nahverkehr Hamburg 2018).

Ein weiteres Thema, das von Anfang an intensiv in der NPE diskutiert wurde, war die Produktion von Batteriezellen in Deutschland. Im letzten Jahrhundert war Deutschland eine Hochburg der Batterie-Industrie. Auch die heimische Batterie-Forschung war damals sehr leistungsfähig. In den 1970er Jahren wurden wichtige Grundlagen der heutigen Lithium-Ionen-Batterie an der Technischen Universität München entwickelt. Die Industrialisierung aber begann Sony 1991, in Japan. Dort war inzwischen die Industrie für Unterhaltungselektronik zu Hause, und diese konnte sich mit der neuen, sehr viel besseren Lithium-Ionen-Batterie einen enormen Wettbewerbsvorteil verschaffen. Statt zwei Stunden konnte man sein elektronisches Gerät (z. B. Handy) jetzt acht Stunden betreiben. In Europa gab es aber kaum noch Industrie, die in der Unterhaltungselektronik aktiv war und damit bestand auch kein Interesse an einer Produktion von Lithium-Ionen-Batterien.

Das Bundesministerium für Forschung und Bildung reagierte zügig und begann 2009 sehr erfolgreich, die öffentliche Batterie-Forschung in Deutschland zu reaktivieren. Die deutsche Industrie hielt sich dagegen zurück. Asiatische Konzerne wie Samsung, LG oder Panasonic belieferten sehr schnell die deutschen Autobauer zuverlässig mit qualitativ guten Batterien. Die Preise fielen deutlich schneller als die Fahrzeughersteller das erwartet hatten. Die Einkäufer der Autokonzerne waren glücklich. Deutschland nahm die Elektromobilität aber immer noch nicht ernst und vom Leitanbieter und Leitmarkt mit der geplanten eine Million Fahrzeuge in 2020 war man weit entfernt.

In einer Arbeitsgruppe der NPE wurde 2016 gemeinsam mit einer weithin bekannten Beratungsfirma ein fundierter Geschäftsplan für den Aufbau einer Batteriezellen-Produktion ausgearbeitet (NPE 2016). Dieser zeigte, dass man in Deutschland wettbewerbsfähig Zellen produzieren konnte. Trotzdem war die deutsche Autoindustrie nicht bereit, aktiv zu werden, obwohl sich genau zu dieser Zeit die ersten Lieferengpässe für Zellen aus Asien abzeichneten. In der Folge starteten asiatische Konzerne in Europa den Aufbau von eigenen Produktionsstätten. Erst 2019 bekannte sich VW als erster deutscher Konzern zu einer eigenen Fertigung, auch um die Arbeitsplätze in seinen Werken abzusichern.

Batterie oder Brennstoffzelle mit Wasserstoff?

Das Geschehen zur Elektromobilität mit Batterien zeigte ab etwa 2010 unglaublich viele Parallelen zu den Ereignissen rund um die Brennstoffzelle zehn Jahre zuvor. Die traditionelle, westliche Industrie bewegt sich erst, wenn sie aufgrund von Gesetzen (kalifornische ZEV-Gesetze, europäische Regelwerke zur CO_2-Flottenemission) massive Strafen bei Nichteinhaltung zu erwarten hat oder wenn der Druck der Konkurrenz im Markt beginnt, schmerzhaft zu werden. Tesla hatte Zug um Zug seinen Platz im profitablen Segment der Oberklasse ergattert. Das lukrative Chinageschäft hatte diese Bedrohung für die deutschen Premiumhersteller allerdings mehr als kompensiert. Nachdem China aber eine möglichst hohe Wertschöpfung im eigenen Land anstrebt (MERICS 2020), wird die Situation für die deutsche Volkswirtschaft damit zunehmend enger. Diese Lage wurde in der Öffentlichkeit und auch innerhalb der Gewerkschaften bislang nur wenig diskutiert – ganz nach dem Motto „bislang ist noch alles gut gegangen".

Unglaublich intensiv und häufig sehr ideologisch geprägt wird dagegen die Frage diskutiert, ob die Batterie oder die Brennstoffzelle das Rennen machen wird. Erschwert wird die Debatte durch irreführende Bezeichnungen. Man redet über Elektro-Fahrzeuge und meint batterie-elektrische Fahrzeuge. Aber Brennstoffzellen-Fahrzeuge sind auch Elektrofahrzeuge, die eine Reihe wichtiger Vorteile haben. Die dahinter liegenden Fakten scheinen kaum eine Rolle zu spielen, wie im Folgenden dargestellt werden soll.

Der wichtigste Punkt für die Beurteilung des Technologiepotentials ist die Frage, woher wird künftig die Energie für den emissionsfreien Transport von Gütern und unsere Mobilität kommen und wieviel wird das kosten? Die einfache Antwort: der Strom kommt aus der Steckdose und der Wasserstoff aus der Zapfsäule, so wie bisher Benzin und Diesel. Natürlich wird der CO_2-freie Strom zum Laden der Batterien und zur Erzeugung von Wasserstoff aus Erneuerbaren Energien produziert, das heißt primär aus Sonne und Wind. Aber was ist, wenn keine Sonne scheint und kein Wind weht? Diese eigentlich sehr naheliegende Frage wird bislang kaum gestellt. Gerade in den Wintermonaten ist in Mitteleuropa das Potenzial von grünem Strom sehr eingeschränkt. Die notwendige Zwischenspeicherung von erneuerbarem Strom als Antwort auf diese Frage hat großen Einfluss auf die sehr vereinfacht geführte Diskussion um Wirkungsgrade und die künftigen Kosten für Strom und Wasserstoff. Eine kurze qualitative Betrachtung der künftigen Stromerzeugung und ihre Anwendung für den Verkehrssektor soll dies deutlich machen.

Der schnell voranschreitende Klimawandel, Nachhaltigkeit, sowie Umwelt- und Ressourcenschonung, fordern einen radikalen Umbau unseres kompletten Energie-systems, das bis heute, national wie global, zu etwa 80 % auf fossilen Energieträgern basiert. Wie in Abb. 3.10 vereinfacht dargestellt ist, soll künftig die Energie für alle Ver-brauchssektoren aus Erneuerbaren Energien erzeugt werden. Das wird zum allergrößten Teil durch Strom aus Photovoltaik und Windkraftanlagen realisiert werden müssen. Die globalen Investitionen in diese beiden Technologien lagen in den letzten Jahren bei jähr-lich knapp 300 Mrd. Dollar und führten dazu, dass die Stromgestehungskosten aus Wind und Sonne inzwischen sehr niedrig sind, in vielen Fällen sogar niedriger als die bei klassischen Kraftwerken mit fossilen Energieträgern (REN Investment 2020). Bislang war allerdings noch keine Umkehr beim globalen Anstieg der CO_2-Emissionen erkenn-bar. Das globale Wachstum, basierend auf fossilen Energien, war schneller als der Aus-bau der Erneuerbaren Energien.

Bei der Erzeugung von Strom aus Sonne und Wind ist deren Fluktuation und der des-halb fehlenden Möglichkeit, diese Stromerzeugung dem Verbrauch anzupassen, für die Auslegung des künftigen Energiesystems von größter Bedeutung. Nachts scheint keine Sonne, und der Wind weht auch nicht jeden Tag und in gleicher Stärke. Saisonale und regionale Unterschiede sind sehr groß, wie eindrücklich aus Strahlungs- und Windkarten

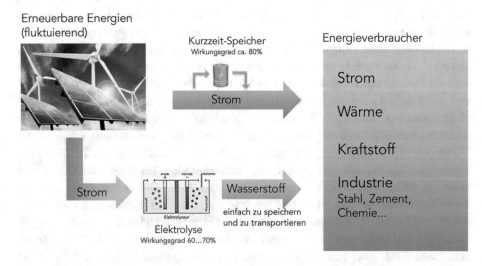

Abb. 3.10 Energieversorgung auf der Basis Erneuerbarer Energien, wie sie für die Erreichung der Klimaziele erforderlich ist. Die Stromerzeugung ist zum Großteil nicht planbar und nicht regelbar, ganz im Gegensatz zur Stromerzeugung aus fossilen Energieträgern

ersichtlich ist. Der Verbrauch von Strom folgt aber einem ganz anderen Rhythmus: geprägt von Tag/Nacht, Sommer/Winter oder Wochenende/Arbeitstag. Auch wird gerne vergessen, dass in einem System, das auf einer CO_2-freien Stromversorgung basiert, der Wirkungsgrad keinen direkten Einfluss auf die Klimabilanz hat.

Nachdem Deutschland bereits heute etwa 50 % seines Stroms aus Erneuerbaren Energien erzeugt, lassen sich diese Zusammenhänge sehr schön an realen Daten ablesen und in die Zukunft projizieren. Abb. 3.11 zeigt die Stromerzeugung in einer Woche, wie sie in den Wintermonaten häufig auftritt und als „Dunkelflaute" bezeichnet wird. In den Monaten von November bis Januar werden an besonders vielen Tagen bis zu 80 % des Strombedarfs aus Kernkraft, Kohle und Erdgas erzeugt. Kern- und Kohlekraftwerke werden nach dem Beschluss der Bundesregierung in den nächsten Jahren jedoch abgeschaltet, und Erdgaskraftwerke haben nur noch eine Chance als Brückentechnologie, wenn es gelingen sollte, das bei der Verbrennung entstehende CO_2 abzuscheiden und für immer in alten Lagerstätten zu speichern (sequestrieren). Fällt diese regelbare Stromerzeugung auf Basis fossiler Energieträger an solchen Wintertagen weg, müssten sie durch Erneuerbaren Strom kompensiert werden, der in diesen Zeiträumen aktuell nur etwa zu 10–20 % zur Versorgung beisteuert. Das heißt, die heute installierte Leistung an Photovoltaik und Windkraft (etwa 120 Gigawatt) müsste, falls keine Alternativen zur Verfügung stehen, um mindestens den Faktor vier erhöht werden, um immer genügend Strom zur Verfügung zu haben. Wenn zukünftig alle Anwendungen (Abb. 3.10) mit Erneuerbaren Energien versorgt werden sollen, verdoppelt sich der Strombedarf im Vergleich zu heute. Dazu gehört auch die Fahrzeugflotte, die künftig elektrisch fahren soll und alleine einen Strombedarf von geschätzt etwa 200 Terrawattstunden haben wird. Der

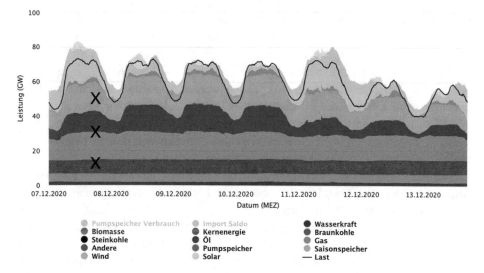

Abb. 3.11 Stromerzeugung und -verbrauch in Deutschland in einer typischen Dezemberwoche. **X** = diese Kraftwerke sollen künftig wegfallen (Energy Charts 2020)

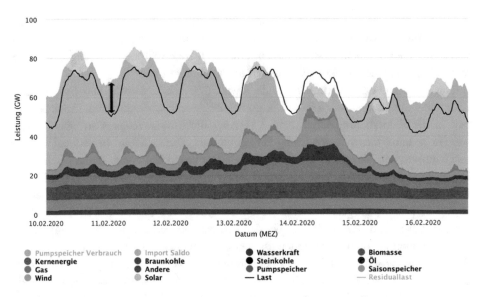

Abb. 3.12 Stromerzeugung und -verbrauch in Deutschland in einer windreichen Februarwoche. Der Pfeil zeigt den Überschussstrom während der Nacht an (Energy Charts 2020)

Bedarf an installierter, grüner Leistung wäre damit an den kritischen Tagen mindestens um den Faktor acht höher als heute. Das wäre nicht nur extrem teuer, sondern würde gleichzeitig in den wind- und sonnenreichen Monaten zu einem riesigen Überschuss an Strom und einer massiven Ressourcenvergeudung führen.

Den besonders im Frühjahr und Herbst anfallenden, überschüssigen Windstrom für die wind- und sonnenarmen Zeiten zu speichern, wird deshalb zum entscheidenden Faktor für ein nachhaltiges und effizientes Energiesystem (Abb. 3.12). Die überschüssigen Strommengen aus wind- und sonnenreichen Tagen, die bis zu ihrem Verbrauch teilweise über Wochen für die Dunkelflauten zu speichern sind, liegen im Bereich von vielen Terrawattstunden (TWh). Dafür werden gewaltige Speicherkapazitäten gebraucht. Große Strommengen können über längere Zeiträume nur sinnvoll in Form von Wasserstoff gespeichert werden (Hydrogen Council 2017; IEA Hydrogen Roadmap 2015). Darüber sind sich alle Experten einig. Batterien sind zu teuer und für Pumpspeicherkraftwerke fehlen in Deutschland die geografischen Voraussetzungen.

Der Wirkungsgrad eines batterie-elektrischen Antriebes (vom Tank zum Rad; tank-to-wheel) liegt bei etwa 80 % (ohne die Verluste beim Laden) und bei einem Brennstoffzellen-Antrieb bei etwa 60 %. Bei letzterem wird die Wärme zum Heizen des Fahrgastraumes allerdings kostenlos mitgeliefert, was bei Batterien nicht der Fall ist und bei den meisten Analysen nicht berücksichtig wird. Dieser Wirkungsgrad kann direkt aus den Verbrauchswerten des Fahrzeuges abgeleitet werden, die nach einem standardisierten Fahrzyklus ermittelt werden und auf den Verkaufsprospekten angegeben sind: für eine größere Limousine sind das für 100 km Fahrstrecke zum Beispiel: 20 Kilowattstunden (kWh) mit einen batterie-elektrischen Antrieb, oder 0,9 kg Wasserstoff (das sind 30 kWh) für einen Brennstoffzellen-Antrieb oder 5 l Diesel (das sind 130 kWh) für einen Verbrennungsmotor mit Mild-Hybrid.

Für die Erzeugung des grünen Stroms zum Laden der Batterie im Fahrzeug eröffnet sich eine große Vielfalt an möglichen Szenarien. Ideal ist es, die Batterie des Fahrzeugs bei Sonnenschein direkt mit dem Strom aus der Photovoltaik auf dem Dach des Hauses zu laden. Es entstehen nur relativ geringe Verluste bei der Wandlung des Gleichstromes der Photovoltaik in Wechselstrom (Stromnetz) und dessen Rückwandlung in Gleichstrom zum Laden der Batterie im Fahrzeug, in Summe etwa 15 %. Für Busse und Nutzfahrzeuge, die tagsüber im Einsatz sind, ist dieses effiziente Laden nur dann realistisch, wenn nachts ausreichend viel Windstrom zur Verfügung steht. Das andere Extrem sieht so aus: Der Strom wurde in windreichen Zeiten in Wasserstoff umgewandelt (70 % Wirkungsgrad) und wird über eine Gasturbine rückverstromt (40–50 % Wirkungsgrad). Das Fahrzeug soll dann mit hoher Leistung sehr schnell geladen werden. Da häufig mehrere Fahrzeuge gleichzeitig im Ladepark Strom tanken und das Netz vielleicht nicht auf eine Leistung von vielen Megawatt ausgelegt ist, kann noch ein Pufferspeicher notwendig werden. Der Wirkungsgrad über die gesamte Kette errechnet sich durch die Multiplikation der Wirkungsgrade der einzelnen Schritte. Damit reduziert sich der Wirkungsgrad für das Laden der Batterien in diesen Situationen schnell auf nur noch 25 %. Damit liegen die Verluste im Vergleich zur direkten Nutzung des Wasserstoffs in Brennstoffzellen-Antrieben deutlich höher.

Wie sieht es bei Wasserstoff aus? Für dessen Erzeugung über die Elektrolyse von Wasser wird in der Regel mit einem Wirkungsgrad von 70 % gerechnet. Für den Wasserstofftransport über eine Pipeline liegen die Verluste bei etwa 5 % (ähnlich wie beim Stromtransport über das Netz) und für die Kompression an der Tankstelle bei etwa 10 %. In Summe sind das deutlich weniger Verluste im Vergleich zum Laden einer Batterie, wenn der Strom über längere Zeiträume (als Wasserstoff) zwischengespeichert werden muss und dann auch noch sehr schnelles Laden gefordert ist.

Aber ergibt es überhaupt Sinn, einen Wirkungsgrad für die Erzeugung eines speicherbaren Energieträgers (Wasserstoff) zu berechnen, wenn der Strom gerade im Überschuss vorhanden ist und sonst nicht genutzt werden kann? In den Zeiten von Überschussstrom sind die Strompreise sehr niedrig, oft sogar negativ. Im Jahr 2020 wurden in Deutschland mehr als sechs Terrawattstunden Strom für sehr viel Geld abgeregelt, und weitere 25 Terrawattstunden netto an die Nachbarstaaten exportiert. Die relativ einfache Speicherung von Wasserstoff in Gastanks oder Kavernen löst das Dilemma der zum Teil extremen Unterschiede zwischen Erzeugung von grünem Strom und dessen Verbrauch. Wasserstoff wird in einer entwickelten Wasserstoffwirtschaft auch dort erzeugt werden, wo Strom aus Wind (z. B. Offshore Windparks) oder Sonne (z. B. Solarparks in der Wüste) sehr kostengünstig produziert werden kann. Verschiedene Analysen prognostizieren Herstellkosten von unter 2 $ pro Kilogramm Wasserstoff bis 2030 und von 1 $ pro Kilogramm bis 2050 (Siemens 2020).

In Deutschland gibt es fast 48 Mio. PKW und 6 Mio. Nutzfahrzeuge. Viele der PKW und ein Großteil der Nutzfahrzeuge sind tagsüber auf den Straßen unterwegs und können nur nachts geladen werden. Dann sollte der grüne Strom in ausreichender Menge flächendeckend und zeitgleich in den jeweiligen Netzen zur Verfügung stehen. Aus dieser einfachen Überlegung lässt sich abschätzen, dass die heutigen Netze durch das gleichzeitige Laden schnell überlastet wären und eine Verschiebung der Ladezeiten häufig an den für das Laden zur Verfügung stehenden Zeitfenstern scheitern wird. Ein weiterer, kritischer Aspekt ist die sehr hohe Zahl an Ladesäulen, die aufgrund der relativ langen Ladezeiten (trotz schnellem Laden) notwendig ist. Die Bundesregierung fordert eine Million öffentlicher Ladepunkte (Bundesregierung 2021). Bei Wasserstoff würden die Erweiterung oder Umrüstung der heute etwa 14.000 deutschen Tankstellen auf Wasserstoff mehr als ausreichen. Der entscheidende Faktor: Das Tanken mit Wasserstoff dauert gleich lang, wie das Tanken von Benzin oder Diesel.

Europaweit besteht bereits ein gut ausgebautes Netz an Erdgasleitungen, das mit überschaubarem Aufwand auf Wasserstoff umgerüstet werden kann. Über eine große Pipeline lässt sich in Form von Wasserstoff etwa 10-mal so viel Energie transportieren als über eine Höchstspannungsleitung (Siemens 2020). Damit ließe sich aus den sonnen- und windreichen Regionen rund um das Mittelmeer relativ einfach Wasserstoff in ganz Europa verteilen und der extrem aufwendige Ausbau der europäischen Stromnetze zu diesem Zweck würde unnötig. Über Wasserstoff könnten nicht nur die Industrie, sondern auch die vielen Nutzfahrzeuge und Limousinen mit grüner Energie versorgt werden. Für Europa bietet diese Eigenversorgung mit Energie darüber hinaus die große Chance geopolitische Abhängigkeiten zu reduzieren und die eigene Wertschöpfung zu erhöhen.

Materialeinsatz und Rohstoffe

Die Speicherung von Strom in Akkumulatoren (Batterien) ist direkt mit der Menge an Speichermaterial gekoppelt. Das Gewicht der Batterie in größeren Limousinen liegt zwischen 500 und 700 kg und rund 70 % davon entfallen auf die Speichermaterialien. Bei Nutzfahrzeugen reicht das Gewicht der Batterien von 2,5 bis zu 5 t. Damit sind diese batterie-elektrischen Antriebe etwa doppelt so schwer wie Elektroantriebe mit Wasserstoff und Brennstoffzelle. Das liegt an der etwa 4-fach höheren Energiedichte bei der Energiespeicherung mit Wasserstoff (700 bar, Wirkungsgrad berücksichtigt) im Vergleich zu Batterien. Mit der sehr hohen Leistungsdichte heutiger Brennstoffzellen benötigen diese nicht mehr Einbauraum als der klassische Verbrennungsmotor (siehe Abb. 3.5).

Um alle Fahrzeuge der Welt mit großen Batterien auszurüsten und auch noch die notwendige Infrastruktur für das Laden auszubauen, reicht die Verfügbarkeit vieler Rohstoffe – wie Kupfer und Nickel – bei weitem nicht aus (Wurster 2018). Das Recyceln der Rohstoffe wird essenziell. Allerdings werden recycelte Materialien erst mit einer zeitlichen Verzögerung von 10 bis 20 Jahren (Nutzungsdauer der Batterien und der Infrastruktur) wieder verfügbar. Bei den sehr hohen Wachstumsraten der nächsten Jahre und Jahrzehnte in der Batterieproduktion kann deshalb recyceltes Material nur eine untergeordnete Rolle spielen. Bei chemischen Energieträgern wie Wasserstoff oder auch

Methanol, Methan oder Ammoniak ist die Energiespeicherung nur mit relativ geringem Materialaufwand verbunden (z. B. Stahltanks, Kavernen). Beim Energiewandler Brennstoffzelle sind Edelmetalle als kritische Rohstoffe zu sehen. Hier kommt allerdings der Vorteil zum Tragen, dass die Brennstoffzelle Verbrennungsmotoren substituieren wird, in denen die gleichen Edelmetalle für die Abgasreinigung eingesetzt werden. Durch den Substitutionseffekt stehen diese für die Brennstoffzelle zur Verfügung. Hinzu kommt, dass die Edelmetalle relativ einfach recycelt werden können.

Die Rohstoffproblematik lässt sich deshalb nur mit einem ausgewogenen Mix aus den beiden emissionsfreien Technologien, von batterie-elektrischen Antrieben und Elektroantrieben mit Wasserstoff/Brennstoffzelle, lösen. Abb. 3.13 fasst die vielfältigen Aspekte der Nutzung der Antriebstechnologien der Zukunft zusammen: Für kleinere Fahrzeuge mit moderaten täglichen Fahrstrecken sind batterie-elektrische Antriebe gut geeignet. Je größer die Fahrzeuge und die regelmäßigen, täglichen Fahrstrecken werden, desto mehr Vorteile gibt es für Antriebe mit Brennstoffzellen und dem Kraftstoff Wasserstoff. Diese sehr plausiblen Zusammenhänge wurden von Opel/GM schon in der Zeit um 2010 mehrfach auf Konferenzen präsentiert. 2017 wurde die Analyse vom Hydrogen Council noch einmal verfeinert (Hydrogen Council 2017).

Bei der zukünftig angestrebten Stromerzeugung, die primär auf Sonne und Wind basiert, wird die Gleichzeitigkeit der Stromnutzung zum Laden von Fahrzeugbatterien durch deren starke Fluktuation eher die Ausnahme als die Regel sein. Damit wird Zwischenspeicherung des Stroms eine wichtige Rolle spielen. Das bedeutet allerdings auch eine deutliche Reduzierung der Wirkungsgrad-Vorteile von batterie-elektrischen

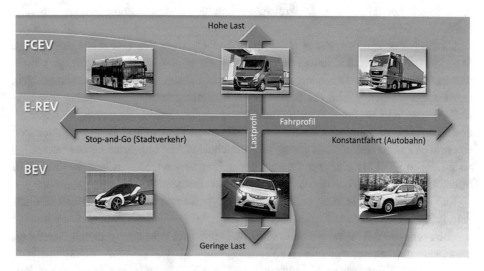

Abb. 3.13 Analyse der Einsatzfelder von batterie-elektrischen Fahrzeugen (BEV), Elektroantrieben mit Generator zur Verlängerung der Reichweite (Range Extender – E-REV) und Brennstoffzelle (Fuel Cell, FCEV) in Abhängigkeit vom Fahrzeuggewicht; Quelle Adam Opel AG, alle Rechte vorbehalten (Opel 2010)

Antrieben. Bei Berücksichtigung der Kosten für die Zwischenspeicherung und der sehr niedrigen Strompreise in Zeiten von überschüssigem Strom entstehen sogar Vorteile für Wasserstoff als Energieträger. Findet die Wasserstofferzeugung zusätzlich in Regionen mit sehr viel Wind- oder Sonnenenergie statt, bietet der Import von Wasserstoff weitere wichtige Perspektiven für dessen wirtschaftliche Nutzung im Verkehrssektor.

3.3 Erkenntnisse aus einer Zeit, die von strategischen Themen geprägt war

Die Entwicklungsaktivitäten der Brennstoffzellen-Allianz führten zur frühen Demonstration von mehr als einhundert PKW sowie zwei Flottenprojekten mit Stadtbussen. Die Großflottenversuche zeigten das Potenzial der Technologie und ihre Alltagstauglichkeit im Betrieb. Sie unterstrichen eindrücklich die bis dahin bestehende Technologieführung.

Die Umsetzung der danach erwarteten und nötigen Entwicklungsschritte in Richtung Produktreife erfolgten jedoch nur zögerlich und auf deutlich niedrigerem Niveau. Die anfangs aggressive Entwicklungsstrategie der Auto-Hersteller wurde zunehmend durch wenig überzeugendes, risiko-averses Portfoliomanagement und eine ambivalente Position der „Technologieoffenheit" ersetzt, die vor allem bedeutete, dass eine klare Richtungsentscheidung für spezifische Technologiepfade unterblieb. Das Ergebnis war ein schleichender Verlust der Technologieführerschaft, der sich einige Jahre später auch im Markt zeigen sollte. Trotz gelegentlicher, anderslautender Bekundungen verfolgten die Fahrzeughersteller keine konkreten, zeitlich definierten Kommerzialisierungsziele mehr.

Ganz anders agierten einige asiatische Wettbewerber, die eine klare langfristige Strategie implementierten, die zu keinem Zeitpunkt abgeschwächt oder infrage gestellt wurde. Obwohl sie deutlich später damit begannen, Fahrzeuge auf die Straße zu bringen, erarbeiteten sie sich Schritt für Schritt einen Vorsprung bei der Entwicklung und Herstellung von Kleinserien und ihrer Einführung in den Markt. So gelang es ihnen ab Ende der 2000-er Jahre schrittweise, die Technologieführerschaft zu übernehmen und einen, wenn auch bisher nicht übermäßig entscheidenden, Industrialisierungsvorsprung zu erreichen. Folgeschritte zur Fertigung deutlich höherer Stückzahlen wurden 2019 öffentlich bekannt gegeben und werden inzwischen realisiert.

Ihre Produktstrategie sieht vor, dass alle Anwendungen mit der Brennstoffzelle aus dem PKW bedient werden. Dadurch entstehen erhebliche Skaleneffekte und es wird eine deutlich schnellere Kostendegression erreicht. Der Erfolg wird noch dadurch vergrößert, dass sie mit Brennstoffzellen-LKW und -Bussen europäische Marktpositionen attackieren und Fertigungsstandorte aufbauen, wo früher nicht der Hauch einer Vermarktungschance gewesen wäre. Viele der potenziellen Kunden sind dafür offen, denn sie wollen den Umbruch, den insbesondere deutsche Hersteller seit Jahren hinauszögern. Die Folgen des Verlustes von Technologieführung gehen deshalb deutlich weiter. Sie bedeuten Verlust von Märkten und Kunden, der in aller Regel nur schwer oder gar nicht umkehrbar ist.

Die aktuelle Führungsposition asiatischer Hersteller in der Kommerzialisierung der Brennstoffzellen-Technologie wie auch die Führungsposition von Tesla bei batterie-elektrischen Antrieben sind deshalb nicht Ergebnis eines naturgegebenen techno-logischen Rückstandes, sondern der technologische Rückstand ist Ergebnis des Unvermögens, eine schlüssige Gesamtstrategie zu entwickeln und diese langfristig umzusetzen. Erst die strategische Schwäche hat den technologischen Rückstand ver-ursacht, obwohl einzelne Hersteller schon lange in der Lage gewesen wären, eine durchschlagende Marktoffensive umzusetzen. Spätestens ab 2015 waren bei Daimler die technologischen Voraussetzungen vorhanden, eine kontrollierte und fokussierte Ver-marktungsoffensive für PKW und Busse zu starten, wenn auch Limitierungen durch die bis dahin nur spärlich vorhandene Infrastruktur zu beachten gewesen wären. Diese hätte man beispielsweise durch Konzentration auf Flottenkunden adressieren können.

Das Bild ähnelt dem Beginn der Elektromobilität mit Batterien. Hier hatte die Bundesregierung schnell mit der Schaffung der Nationalen Plattform Elektromobili-tät und vielen Forschungsprogrammen reagiert. Die Automobilindustrie blieb aber in großen Teilen eher zögerlich oder untätig, denn es gab über viele Jahre keinen Zwang zur Veränderung. Asiatische Unternehmen begannen dagegen frühzeitig mit großem Auf-wand die Entwicklung fahrzeugtauglicher Batterien voranzutreiben und schafften durch günstige Preise Abhängigkeiten bei den Fahrzeugherstellern. Dabei nahmen sie über viele Jahre hohe finanzielle Verluste in Kauf, um langfristig den Markt zu beherrschen. Der dabei erlangte technologische Vorsprung ist inzwischen nur noch schwer einzuholen.

Das Zeitalter der Verbrennungsmotoren geht dem Ende entgegen. Das liegt nicht daran, dass es sich um eine schlechte Technologie handelt, auch wenn das in der gesellschaftlichen Debatte häufig zu Unrecht anklingt. Der Grund ist, dass sich gesellschaftliche Prioritäten geändert haben. Die deutsche Autoindustrie hat es lange ver-säumt, eine mutige und adäquate Antwort auf diese gesellschaftlichen Veränderungen zu geben. Mit dem Dieselskandal hat sie ihre Marktmacht überzogen und massiv an Glaubwürdigkeit verloren. Das strategische Versagen ist letztlich Ausdruck einer Unter-nehmenskultur, die rückwärtsgewandt agiert, Risiken scheut und kurzfristiges Ergebnis-denken über langfristiges strategisches Handeln stellt.

Die frühe politische Schwerpunktsetzung der europäischen Union zu Wasserstoff und Brennstoffzellen und ein großzügiger, nachhaltiger Förderrahmen im Rahmen des FCH JU haben dafür gesorgt, dass wichtige F&E-Vorhaben der interessierten Industrie und Wissenschaft realisiert werden konnten. Sie haben die Technologieentwicklung zweifellos vorangebracht. Das FCH JU hat eine wertvolle Plattform für die europäische Zusammenarbeit und den Austausch der beteiligten Akteure geschaffen. Eine solche ganzheitliche Forschungsförderung wurde in Deutschland durch die Einführung des Nationalen Innovationsprogrammes Wasserstoff und Brennstoffzelle beim Verkehrs-ministerium möglich. Was jedoch auch dann noch fehlte, war die strategische Einbindung von Forschungseinrichtungen zur Basistechnologie Brennstoffzelle. Weder in Deutschland noch in Europa gab es lange Zeit nennenswerte, anwendungsnahe Forschungsaktivitäten zu Hochleistungsbrennstoffzellen, wie sie für Fahrzeuge erforderlich sind. Die Höhe der dafür nötigen Forschungsbudgets und die Ressourcenanforderungen, um auf Augenhöhe mit der Fahrzeugindustrie arbeiten zu können, sind für die meisten Forschungseinrichtungen ohne Unterstützung nicht darstellbar. Die Entwicklung fand deshalb fast ausschließlich in der Autoindustrie und bei den Zulieferern statt. Der Einbruch der industriellen Entwicklungsaktivitäten infolge des Platzens der Dot.Com-Blase und der Untätigkeit vieler Fahrzeughersteller führte so zu viel Knowhow-Verlust, der durch entsprechende Forschungsaktivitäten wenigstens hätte gemindert werden können.

Politische Schwerpunktsetzung in der Forschungsförderung von Basisinnovationen stellt grundlegend andere Anforderungen als die Förderung inkrementeller Innovationen. Europa hatte schon früh mit der so wichtigen Förderung der kompletten Anwendung begonnen. Das Förderprojekt CUTE für Brennstoffzellen-Busse war so ein wichtiger und nötiger Schritt auf dem Weg zur Markteinführung einer Basisinnovation. Durch das Fehlen eines ausreichenden regulatorischen Rahmens für eine kontinuierliche Entwicklung und Kommerzialisierung der Technologie wurde jedoch danach viel Zeit und Potential verschenkt.

Mit den Projekten AutoStack Core (EU) und AutoStack Industrie (D) entstand erstmals eine sehr anwendungsnahe und inhaltlich breit angelegte Forschungsaktivität zu Hochleistungsbrennstoffzellen. Bereits in AutoStack Core konnten dadurch wichtige technische und wirtschaftliche Durchbrüche erreicht werden. Der Entwicklungsansatz dieser Projekte zeigt, dass Basisinnovationen interdisziplinäre Zusammenarbeit ebenso brauchen wie ein Engagement zum kompletten Eco-System, das die Optimierung von Komponenten, ein von der Anwendung gesteuertes Produktdesign, die Produktionstechnologie bis zur Betankungsinfrastruktur einschließen kann. Forschungseinrichtungen können dazu erheblich beitragen und viele der Querschnittsthemen adressieren. Voraussetzung dafür ist jedoch eine dazu passende angemessene Ressourcenausstattung und die dafür nötige thematische Schwerpunktsetzung.

Will man die „Umsetzungslücke" aus der Technologieentwicklung in den Markt beseitigen, ist ein Umdenken in Industrie, Forschung und Politik bei der Entwicklung von Forschungsschwerpunkten, der Konzeption von Förderprogrammen sowie begleitenden, schlüssigen und umfassenden Regulierungskonzepten von entscheidender Bedeutung.

Trotz grundsätzlicher Mängel der politischen Rahmensetzung und strategischer Schwächen hat die deutsche Industrie aufgrund ihrer hervorragenden Substanz immer noch eine gute Startposition im Technologiewettbewerb der Zukunft. Sie steht jedoch in der Verantwortung, die dafür nötigen, mutigen Entscheidungen zu treffen, ohne auf Voll-Kasko-Angebote aus der Politik zu warten, wie das auch ihre relevanten Wettbewerber tun. Die wirtschaftlichen Akteure müssen auch deutlich stärker darauf hinwirken, dass die Politik nicht nur Ziele formuliert, sondern auch den für ihr Erreichen nötigen politischen Rahmen setzt, der für eine wettbewerbsfähige und zukunftsorientierte Industrie und Wissenschaft unbedingt benötigt wird.

Quellen

automobil-industrie, 2019: https://www.automobil-industrie.vogel.de/erfolgsmodell-mirai-toyota-plant-mehr-kapazitaeten-fuer-die-brennstoffzelle-a-866204/, (zuletzt aufgerufen am 15.6.21)

BZ-Forum, 2007: https://www.chemie.de/news/71389/erkenntnisse-vom-brennstoffzellen-forum-f-cell-jetzt-geht-es-um-optimierung.html (zuletzt aufgerufen am 15.6.2021)

Bundesregierung, 2021: https://www.bundesregierung.de/breg-de/suche/ladepunkte-in-deutsch-land-1884666 (zuletzt aufgerufen am 15.6.2021)

Dokumentation, 2011: https://en.wikipedia.org/wiki/Revenge_of_the_Electric_Car (zuletzt aufgerufen am 15.6.2021)

Elektroauto-news, 2019: https://www.elektroauto-news.net/2019/hyundai-investiert-massiv-in-brennstoffzellentechnologie/, (zuletzt aufgerufen am 15.6.21)

Energy Charts, 2020: Energy Charts, Fraunhofer ISE, https://energycharts.info/charts/power/chart.htm?l=de&c=DE (zuletzt aufgerufen am 15.6.2021)

Hydrogen Council, 2017: https://hydrogencouncil.com/wp-content/uploads/2017/11/Hydrogen-scaling-up-Hydrogen-Council.pdf (zuletzt aufgerufen am 15.6.2021)

Hydrogen Council, 2017: Hydrogen Council, Hydrogen Scaling Up, 2017. https://hydrogencouncil.com/wp-content/uploads/2017/11/Hydrogen-Scaling-up_Hydrogen-Council_2017.compressed.pdf (zuletzt aufgerufen am 15.6.2021)

Hyundai-newsroom, 2020: https://news.hyundaimotorgroup.com/Article/Popularizing-FCEVs-NEXO-Sales-over-10000-Units, (zuletzt aufgerufen am 15.6.21)

IEA Hydrogen Roadmap, 2015: https://iea.blob.core.windows.net/assets/e669e0b6-148c-4d5c-816b-a7661301fa96/TechnologyRoadmapHydrogenandFuelCells.pdf (zuletzt aufgerufen am 15.6.2021)

IEA WEO, 2011: https://www.iea.org/reports/world-energy-outlook-2011 (zuletzt aufgerufen am 15.6.2021)

McKinsey, 2019: https://www.automobilwoche.de/article/20191028/NACHRICHTEN/191029922/kennzahlen-zum-markt-fuer-brennstoffzellenautos-wasserstoff----quo-vadis, (zuletzt aufgerufen am 15.6.21)

MERICS, 2020: https://www.arbeit-umwelt.de/wp-content/uploads/Studie_China_Wertschoep-fungsketten_StAU.pdf (zuletzt aufgerufen am 15.6.2021)

Nahverkehr Hamburg, 2018: https://www.nahverkehrhamburg.de/hamburg-nimmt-ersten-serien-reifen-elektrobus-in-betrieb-10447 (zuletzt aufgerufen am 15.6.2021)

NIP, 2016: https://www.now-gmbh.de/wp-content/uploads/2020/09/now_10-jahre-nip.pdf (zuletzt aufgerufen am 15.6.2021)

NPE, 2016: https://www.acatech.de/wp-content/uploads/2020/08/NPE_AG2_Roadmap_Zell-fertigung.pdf (zuletzt aufgerufen am 15.6.2021)

Opel, 2010: EES_Issue_Vol_3_Issue_6_June_2010_p_689_699_Eberle_Helmolt

REN Investment, 2020: https://www.fs-unep-centre.org/global-trends-in-renewable-energy-investment-2020/ (zuletzt aufgerufen am 15.6.2021)

Reportage, 2006: https://en.wikipedia.org/wiki/Who_Killed_the_Electric_Car%3F (zuletzt aufgerufen am 15.6.2021)

Siemens, 2020: Siemens Energy, Cascade Gastransport, Whitepaper, Hydrogen infrastructure – The pillar of energy transition, 2020 https://assets.siemens-energy.com/siemens/assets/api/uuid:3d4339dc-434e-4692-81a0-a55adbcaa92e/200915-whitepaper-h2-infrastructure-en.pdf (zuletzt aufgerufen am 15.6.2021)

Toyota, 2020: https://newsroom.toyota.eu/toyota-passes-15-million-hybrid-electric-vehicles-global-sales/, (zuletzt aufgerufen am 15.6.21)

trimis, 2009: https://trimis.ec.europa.eu/sites/default/files/project/documents/20090917_155253_
   20956_CUTE%20-%20Final%20Report.pdf, (zuletzt aufgerufen am 15.6.21)

Vision-mobility, 2019: https://vision-mobility.de/news/hyundai-startet-fuel-cell-truck-projekt-in-
   der-schweiz-4703.html, (zuletzt aufgerufen am 15.6.21)

Wikipedia, 2020: https://en.wikipedia.org/wiki/Toyota_Mirai, (zuletzt aufgerufen am 15.6.21)

Wurster, 2018: R. Wurster, W. Tillmetz, „The Impact of Fuel Cell and Battery Electric Vehicles on
   Critical Materials, Cost and Energy Supply", Ulm ElectroChemical Talks 2018

Der Innovationsschub lässt auf sich warten – das Strategiedilemma in Politik und Industrie

4

Die Folgerungen zusammengefasst von André Martin

Die im Buch beschriebenen Entwicklungen, die fast drei Jahrzehnte umfassen, wären unvollständig, wenn wir nicht versuchen würden, aus unseren Erfahrungen und Erlebnissen weitergehende Schlüsse zu ziehen. Im Zentrum sollen dabei die Aspekte stehen, die für den Erfolg oder Misserfolg disruptiver Innovationen ausschlaggebend sind. Um dem Thema gerecht zu werden, muss ein ganzes Bündel an Einflussfaktoren berücksichtigt werden.

Die Fahrzeugindustrie mit ihren langen und teuren Entwicklungszyklen ist eine deutsche Kernindustrie in einem globalen und hoch regulierten Markt mit einer über mehr als 100 Jahre gewachsenen Zulieferindustrie und der dazugehörigen Infrastruktur. Der Fahrzeugmarkt unterliegt starken politischen Einflüssen durch Emissionsregulierung und immer weitergehende Forderungen der Umweltverträglichkeit und Nachhaltigkeit. Die Politik nimmt immensen Einfluss auf die Geschäftsperspektiven dieses Industriezweigs.

Die Fahrzeugindustrie ist auch eines der besten Beispiele dafür, was Deutschland und die deutsche Industrie besonders gut können, die kontinuierliche Optimierung bestehender, im Markt etablierter Technologien oder mit anderen Worten: inkrementelle Innovation. Es ist dieser Drang nach Perfektion, der unter dem Begriff German Engineering die globale Stärke der deutschen Wirtschaft und den Ruhm der deutschen Ingenieurskunst begründet hat.

Die deutsche Fahrzeugindustrie setzt allein in ihrem Heimatland viele hundert Milliarden Euro um und beschäftigt etwa 800 000 Menschen. Sie gibt für Forschung und Entwicklung weltweit jährlich über 42 Mrd. € aus, womit sie mehr als ein Drittel der Gesamtausgaben für Forschung und Entwicklung in der globalen Autoindustrie und

W. Tillmetz und A. Martin, *Wasserstoff auf dem Weg zur Elektromobilität*, https://doi.org/10.1007/978-3-658-34748-2_4

37 % aller F&E-Ausgaben in Deutschland bestreitet (VDA 2019). Sie hat deshalb auch enormen Einfluss auf die Politik. Der Begriff Kernindustrie wird anhand dieser wenigen Zahlen aus etwas Abstraktem zu etwas Vorstellbarem.

Es ist selbstverständlich, dass eine solche Industrie mit großer Umsicht und Solidität, in einer wohlabgewogenen Balance zwischen Kontinuität und Veränderung geführt werden muss. Es ist jedoch ebenso klar, dass Größe und Potenz im Markt behauptet werden müssen, denn sie sind nichts Statisches und schon gar nichts Ewiges. Neue Entwicklungen verändern den industriellen Handlungsrahmen. Hinauszögern von Entscheidungen oder strategische Untätigkeit vermeiden keine Risiken, sondern erzeugen oder verstärken sie häufig erst.

Disruptive Innovationen sind per Definition mit Risiken behaftet. Sie unterbrechen oder beenden eine gewohnte, häufig sogar traditionsbehaftete Entwicklung. Eine alte Methode oder ein altes Produkt werden in radikaler Weise durch etwas Neues ersetzt. Alte Stärken zählen nicht mehr und werden zu Schwächen. Das Denken in gewohnten Bahnen löst keine Probleme mehr, sondern verschärft sie. Ganze Industrien geraten in Gefahr und verlieren im Extremfall ihre Existenzberechtigung.

Ein klassisches Beispiel für eine disruptive Innovation und ihre Folgen ist die Digitalfotografie, die das Ende von Traditions-Firmen wie Kodak oder Agfa bedeutete. Bei Fahrzeugen war es historisch gesehen die Ablösung der Dampfmaschine und Pferdekraft durch den Verbrennungsmotor vor mehr als 100 Jahren (siehe Abb. 4.1). Interessanterweise ähneln die historischen Argumente manchen aktuellen Diskussionen. Dass selbst die Innovatoren die Folgen ihrer Innovation häufig nicht abschätzen können, ist dabei besonders faszinierend. Erst einmal in der Welt, entwickeln disruptive Innovationen ihr eigenes Moment und ziehen Veränderungsprozesse nach sich, die schwer zu erahnen und noch schwerer vorauszusagen sind. Es ist ziemlich sicher, dass Steve Jobs oder Bill Gates am Anfang ihrer Entwicklung nicht vorausgesehen haben, welche Revolution sie auslösen würden. Computer, Mobiltelefone und das Internet haben unser Leben und die Art, wie wir Dinge tun, in den letzten drei Jahrzehnten komplett verändert. Für Ältere bedarf das keiner Erklärung. Die Jüngeren kennen keine andere Welt.

Übersetzung Abb. 4.1:
"Eine neue Energiequelle…, Benzin genannt, ist von einem Bostoner Ingenieur hergestellt worden. Anstatt den Kraftstoff unter einem Kessel zu verbrennen, wird er in den Zylindern eines Motors entzündet… Die Gefahren sind offensichtlich. Lager, voll mit Benzin und in den Händen von Leuten, die in erster Linie an Profit interessiert sind, würden eine Brand- und Explosionsgefährdung ersten Ranges schaffen. Pferdelose Wagen, angetrieben mit Benzin, könnten Geschwindigkeiten von 14 oder sogar 20 Meilen in der Stunde erreichen. Die Bedrohung unserer Bevölkerung durch derartige Geräte, die auf unseren Wegen und entlang unserer Straßen rasen und die Luft verdrecken, würde sofortige gesetzliche Regelungen erfordern, auch wenn die militärischen und wirtschaftlichen Konsequenzen nicht überwältigend wären… die Kosten für die Herstellung des Benzins liegen weit außerhalb der finanziellen Möglichkeiten der privaten Industrie…Außerdem würde die Entwicklung dieser neuen Antriebskraft den Gebrauch von Pferden verdrängen, was unserer Landwirtschaft zerstören würde"

"A new source of power... called gasoline has been produced by a Boston engineer. Instead of burning the fuel under a boiler, it is exploded inside the cylinder of an engine...

The dangers are obvious. Stores of gasoline in the hands of people interested primarily in profit would constitute a fire and explosive hazard of the first rank. Horseless carriages propelled by gasoline might attain speeds of 14, or even 20 miles per hour. The menace to our people of this type hurtling through our streets and along our roads and poisoning the atmosphere would call for prompt legislative action even if the military and economic implications were not so overwhelming... the cost of producing (gasoline) is far beyond the financial capacity of private industry... In addition the development of this new power may displace the use of horses, which would wreck our agriculture."

Congressional Record 1875

Abb. 4.1 Kongressniederschrift zur Einführung von Verbrennungsmotoren (USA 1875)

Bei vielen dieser radikalen Veränderungen spielt die deutsche Industrie nur eine Nebenrolle, und das schon seit Jahrzehnten. Amerikanische und in wachsendem Maße asiatische Unternehmen bestimmen hier die Entwicklung und kontrollieren die Märkte. Produkte aus China haben sich in den letzten zwanzig Jahren in einigen Technologiebereichen an die Spitze gesetzt. Die Brennstoffzelle in Fahrzeugen könnte ein weiteres Beispiel dafür werden, wie die deutsche Fahrzeugindustrie trotz einer frühen technologischen Führerschaft den radikalen Umbruch verpasst, der die zukünftigen Machtverhältnisse in den Märkten bestimmen wird und massiven Einfluss auf Deutschlands Wohlstand haben könnte. Warum das so ist und welche Gegenmittel wir haben, darüber wollen wir auf den folgenden Seiten nachdenken.

Wie erkennt man eine gute Idee und wie kann sie erfolgreich verwirklicht werden?
Für eine industrielle Entwicklung reicht es nicht, sich auf Intuition oder Genie zu verlassen. Das kann allenfalls ein erster Schritt sein. Industrielle Produkte und besonders Fahrzeuge benötigen lange und teure Entwicklungszyklen, bis aus der Idee ein Produkt wird. Für die Einführung neuer Technologien in Fahrzeugen sind viele externe Faktoren zu berücksichtigen.

Vor Beginn einer Entwicklung ist deshalb eine umfassende, langfristig orientierte Potentialanalyse unter Berücksichtigung aller maßgeblichen Implikationen für die Entwicklung und den Markterfolg nötig. Zentrales Beurteilungskriterium einer Innovation ist der erwartete Kundennutzen. Zur Beurteilung gehören physikalische, technische und wirtschaftliche Eigenschaften ebenso wie externe Zusammenhänge, die wie in unserem Fall z. B. ein neuer Kraftstoff oder eine neue Infrastruktur sein können. Eine solche Betrachtung muss die systemischen Zusammenhänge analysieren und bewerten, muss Treiber und Risiken herausarbeiten und ihre potentielle Wirkung auf das Vorhaben beurteilen. Aus der Analyse muss eine Strategie entwickelt werden, die robust genug ist, den Risiken zu begegnen, die unvermeidlich in Kauf genommen werden müssen und die Wege aufzeigt, diejenigen Risiken zu vermeiden oder zu verringern, für die das möglich ist. Sie muss deshalb zugleich kühn und pragmatisch sein. Das alles ist immer noch keine Garantie für den Markterfolg. Aber ohne eine solche ganzheitliche Analyse ist ein Scheitern vorprogrammiert.

Wie viele Entwicklungen und unsere Erfahrungen zeigen, ist diese Forderung nicht einfach umzusetzen. Eine der wichtigsten Voraussetzungen für ihre Umsetzung ist offene Kommunikation und unvoreingenommene Beurteilung der maßgeblichen Fakten. Nichts ist riskanter, als unbequeme Wahrheiten auszublenden oder Risiken zu bagatellisieren. Die Realität wird sie zurückbringen. Zu Beginn einer Entwicklung ist vieles unbekannt, was sich erst aus nachfolgenden Entwicklungsschritten oder externen Entwicklungen erschließen wird. Strategien müssen deshalb nicht nur entwickelt werden, sondern bedürfen einer regelmäßigen Überprüfung und Schärfung mit Hilfe und unter Berücksichtigung dieser fortgeschrittenen Erkenntnisse.

Die anfängliche Entwicklung bei Dornier und bei Ballard bot für diese Vorgehensweise gute Voraussetzungen. Die grundsätzliche Bewertung des Technologiepotentials, die damals erfolgte, ist bis heute gültig und wird durch die aktuellen Entwicklungen mehr als bestätigt. In anderen Bereichen, z. B. der Kraftstoffstrategie, musste im Laufe der Entwicklung nachgebessert werden. Das Thema Infrastruktur wurde anfänglich überwiegend technisch betrachtet und auch danach lange unterschätzt. Der Aufbau des benötigten Tankstellennetzes geriet zu einer quälend langsamen Übung, die der Entwicklung ihre Dynamik raubte. Der Einfluss der Portfoliopolitik der Autohersteller tat ein Übriges und sorgte dafür, dass die Markteinführung schließlich auf die lange Bank geschoben wurde.

Zu einer solchen Potentialanalyse gehört die Abschätzung der Ressourcenanforderungen und die Beantwortung der Frage, wo diese Ressourcen herkommen können. Die Entwicklung eines neuen Motors in der Automobilindustrie kostet typischerweise mehrere hundert Millionen Euro. Die Entwicklung einer komplett neuen Antriebstechnologie kostet jedoch deutlich mehr. Das dafür nötige Investment hat zunächst keine gesicherte Verwertungsperspektive. Ein Unternehmen, das eine solche Entwicklung durchführt, muss eine kritische Größe haben. Nichts ist sinnloser als unterkritische Entwicklungen mit unzureichenden Ressourcen, deren Scheitern absehbar ist.

Es liegt in der Natur der Sache, dass derartige Investitionsentscheidungen auch bei allerbester Vorbereitung niemals risikofrei sein können.

Daimler, Ford und Ballard verfügten über diese Mittel. Während die Fahrzeughersteller strategisch investierten, finanzierte sich Ballard erfolgreich am Finanzmarkt. Mittelverfügbarkeit war lange kein Problem und der rasante Technologiefortschritt der ersten Jahre, wie auch der Börsenwert von Ballard zeigten, dass es gut angelegtes Geld war. Zu schnelles Wachstum, mangelnde Effizienz der Organisation und strategische Korrekturen sorgten für einen anhaltend hohen Kapitalbedarf, der sich erst zu einem Problem auswuchs, als zunächst die fokussierte Produktentwicklung vernachlässigt und dann die Kommerzialisierung auf viele Jahre hinaus verschoben wurde.

Will man die Frage beantworten, warum es immer wieder amerikanischen Firmen gelingt, sich an die Spitze von Technologieentwicklungen zu setzen, muss man zuallererst ihre Finanzierungsstrategien betrachten. Beispiele wie Tesla oder der im Schatten heranwachsende Konkurrent Lucid Motors (Ecomento 2021), der von ehemaligen Tesla-Managern und einem deutschen Produktionschef geführt wird, zeigen den großen Vorteil des US-amerikanischen Kapitalmarkts. Bei Investitionen in Technologiefirmen steht das Potential an erster Stelle. Obwohl die Verwertungschancen mit erheblichen Risiken behaftet sind, werden bei ausreichendem Potential einer Geschäftsidee Milliarden von Dollar für ein Start-up bereitgestellt. Wie gut dieses Modell funktioniert, zeigt die Kursentwicklung von Tesla (Finanzen.net 2021), mit der es gelingt, bereits in der Frühphase der Kommerzialisierung eine Refinanzierung des Investments zu erreichen. So geht Big Tech.

Im Jahr 2019 wurden in den USA insgesamt 117 Mrd. Dollar Risikokapital in Start-ups investiert. In Asien waren es immerhin noch 63 Mrd.. In ganz Europa jedoch nur 35 Mrd. und in Deutschland 6 Mrd. (BSZ 2020). Das BIP der USA betrug 2020 knapp das Fünffache des deutschen BIP. Danach hätten die deutschen Venture-Kapital-Investitionen etwa bei 23 Mrd. $ liegen müssen, um im Verhältnis gleichzuziehen. Sie lagen jedoch nur bei wenig mehr als einem Viertel. Auch innerhalb Europas agiert Deutschland eher unterdurchschnittlich, wenn man sich die Zahlen ansieht.

Will man in dieser Liga spielen, helfen keine wohlfeilen Forderungen. Man behandelt Big Tech auch nicht angemessen, wenn die einzige Perspektive der Politik die Regulierung der Marktmacht großer Akteure ist, denn zunächst haben Google, Microsoft, Amazon und Apple die Welt zu unser aller Nutzen verändert. Das sie zu mächtig geworden sind, ist die Konsequenz ihres Erfolgs. Häufig klingt die deutsche Debatte aber so, als sei Big Tech per se etwas Negatives, was ganz und gar nicht der Fall ist. Die entscheidende Frage ist deshalb nicht, wie können wir Big Tech beschränken, sondern wie können wir Big Tech bei uns ermöglichen, um wieder an der Spitze mitspielen zu können.

Dazu müssen Finanzierungsrahmenbedingungen geschaffen werden, die einen stärkeren Anreiz für Investoren bieten, in riskante Technologieprojekte zu investieren. Das Geld ist da, auch und besonders in Deutschland. Dafür sind viele Wege denkbar, z. B. verbesserte Abschreibungsmöglichkeiten für Risikokapital (ein seit langem diskutiertes, aber ungelöstes Thema) oder ein Mechanismus ähnlich dem für Kreditausfallbürgschaften der KfW, um unvermeidbare Risiken abzufedern. Es ist Aufgabe der Politik gemeinsam mit den Finanzfachleuten und der Industrie, solche Rahmenbedingungen zu schaffen, wenn wir auch in Zukunft eine führende Industrienation bleiben wollen. Technologie-feindlichkeit, rückwärtsgewandte Idylle oder Ressortdenken sind dafür nicht hilfreich. Folgenlose Forderungen von Politikern oder das großzügige Verteilen von Fördermitteln ebenso wenig. Essentiell ist der Dreiklang von Förderpolitik, systemisch durchdachten politischen Rahmenbedingungen und finanzmarktpolitischen Regeln, die Investitionen in innovative Unternehmungen attraktiv machen.

In der Zusammenarbeit mit amerikanischen und kanadischen Kollegen fiel uns immer wieder auf, dass Versuch und Irrtum zentrale Elemente ihrer Arbeitsweise sind. Während wir im Vorfeld gründlich analysieren und eine Fehlervermeidungsstrategie entwickeln, korrigieren Amerikaner ihre Fehler über einen „nachträglichen" Lernprozess, „Learning by doing".[1] Das ermöglicht größeres Tempo und mehr Dynamik. Risiken werden als normaler Bestandteil des Lebens betrachtet. Sie sind da und man muss mit Ihnen umgehen. Sie sind aber keinesfalls ein Hinderungsgrund, etwas nicht zu tun. „Think big!"[2] Amerikaner sind gute Verkäufer, nehmen ihre eigenen Argumente ernst und tragen sie überzeugend vor, auch wenn sie nach unserem Geschmack nicht ausreichend belegt und begründet sind. Dadurch entsteht ein positives Moment, das mehr Überzeugungs-kraft entwickelt als quälerische Zweifel und Bedenken. Wenn Perfektion das Maß aller Dinge ist wie in Deutschland, sind Fehler Ausdruck von Oberflächlichkeit und Versagen. Sie sind mit einem Makel behaftet. Es ist daher wichtig, Fehler zu vermeiden. Es ist das Streben nach Gewissheit in einer ungewissen Welt, die sich ständig verändert. Der mentale Faktor hat einen großen Einfluss auf die Akzeptanz von Risiken und die Fähig-keit mit ihnen umzugehen bis hin zu Investitionsentscheidungen.

Aus alldem wird deutlich, dass Strategien mit Mut, Zuversicht und Kontinuität umgesetzt werden müssen. Tempo und Dynamik sind entscheidend, um die Wucht ent-falten zu können, die Veränderungen in Gang setzt und Zweifeln oder Gegenkräften wenig Entfaltungsraum lässt. Das geht nur mit ausreichender finanzieller Schlagkraft. Subjektivität im Umgang mit Strategien sorgt für Desorientierung und Tempoverlust. Solange keine neuen Erkenntnisse ein Scheitern der Strategie wahrscheinlich machen, muss sie beibehalten werden. Alternativen kosten Zeit und Geld und ihr Gelingen ist häufig nicht weniger risikobehaftet. Das Wechseln der Pferde während des Rennens ist deshalb Ausdruck von Orientierungslosigkeit und häufig identisch mit vollkommenem Scheitern.

Die erste Phase der Entwicklung bei Daimler und Ballard war ein gutes Beispiel, wieviel Kraft eine Strategie entwickeln kann. Die spätere Entwicklung zeigte dann, wie strategische Handlungsunfähigkeit dazu führt, einen großen Entwicklungsvorsprung sukzessive zu verschenken. Die öffentlichen Äußerungen von Vorständen der deutschen

---

[1] Sinngemäß: Lernen in der Tätigkeit.
[2] Sinngemäß: Setz Dir große Ziele.

Autoindustrie zur Antriebsstrategie – egal ob zu Hybrid, batterie-elektrischen Konzepten oder Wasserstoff – zeigen den Mangel an inhaltlicher Durchdringung des Themas und daraus folgende Sprunghaftigkeit im Umgang damit. Bis heute gibt es bei Einigen Zweifel zur Bedeutung von Brennstoffzellen für das zukünftige Antriebsportfolio (Motor1 2021). Unterschiedliche Positionen kommen z. T. sogar aus demselben Konzern (Stimme.de, Heilbronn 2021). Lange waren die angeblich zu hohen Kosten der Technologie ein beliebtes Argument. Das ist seit vielen Jahren widerlegt. Nachlesen kann man das u. a. in den Kostenstudien, die Strategic Analysis im Auftrag des DoE (U.S. Department of Energy) durchgeführt hat (Osti.gov 2019), deren Ergebnisse durch die weltweiten Entwicklungsaktivitäten inzwischen bestätigt werden. In jüngster Zeit bemühen einige Spitzenmanager die vermeintlich zu hohen Kosten des Wasserstoffs und die mangelnde Effizienz seiner Nutzung im Fahrzeug als Grund für ihre Skepsis (manager magazin 2021). Auch dieses Argument trägt nicht, wie wir in Abschn. 3.2 gezeigt haben.

Ähnliche Zweifel wurden zur batterie-elektrischen Mobilität ins Feld geführt als vor vielen Jahren ähnliche Entscheidungen anstanden. Die bis heute spürbare Folge war ein massiver Verlust der technologischen Wettbewerbsfähigkeit. Manche Hersteller sehen sich erst 2025 in der Lage, ein mit Tesla ebenbürtiges Modell in den Markt zu bringen (24auto 2021). Unter dem Gesichtspunkt einer Strategieentwicklung machen diese Äußerungen wenig Sinn. Es kann doch nicht ernsthaft Ziel einer Strategie sein, mit einem Wettbewerber gleichzuziehen. Glaubt jemand tatsächlich, dass Tesla oder Toyota darauf warten werden?

Der Preis der Größe oder „gepampertes" Management
Um Hindernisse für Basisinnovationen besser verstehen zu können, werfen wir einen Blick auf typische Karrieremodelle und Führungsstrukturen in Großunternehmen, wie wir sie kennengelernt haben. Dort findet man Hinweise, warum in diesem Umfeld Strategiefindung und Implementierung von Änderungsprozessen so schwierig sind.

Das Ziel von Großunternehmen ist die wirtschaftliche Nutzung und Absicherung des bestehenden Portfolios. Das typische Instrument dafür ist die inkrementelle Innovation, die stetige Optimierung der Produkte und Produktionsprozesse. Grundsätzliche Veränderungen des Portfolios erzeugen Zielkonflikte und stören die organisatorische Balance, die für reibungslose Abläufe sorgt. Sie erzeugen internen Wettbewerb um Ziele, Posten und Ressourcen und sie erzeugen deshalb Abwehr. Diese Abwehr beruht zum Teil auf guten Gründen, denn die wirtschaftliche Kraft des Unternehmens entsteht aus dem, was man bisher so erfolgreich getan hat.

Die schiere Größe und Marktmacht von Großunternehmen verleiten zur Unterschätzung neuer Entwicklungen. Sie befestigen den Glauben, man könne das alles schon irgendwie beherrschen und steuern. Das Management agiert in einer Käseglocke vermeintlicher Sicherheit vor Risiken. Der Markt ist für viele Handelnde nur eine Abstraktion, weil sie keine direkte Berührungsfläche mit Kunden oder Anwendungen haben. Die Sensibilität für Neues geht verloren oder weicht Geringschätzung.

In einem solchen, tendenziell feindlichen Umfeld werden sich viele Argumente finden, warum Veränderungen nicht möglich sind. Häufig werden sie in Kombination mit völliger Abwesenheit der nötigen Beurteilungskompetenz vorgetragen. Administrative Hürden und die organisatorische Struktur großer Unternehmen generieren Entscheidungswege, in denen Viele mitreden dürfen, ohne Verantwortung zu übernehmen. Unternehmenspolitik und ein hierarchisches Karrieremodell erzeugen eine Tendenz zur Anpassung.

Dieses System gibt Führungskräften den Vorzug, die problemlos funktionieren. Strategisches Denken ist nicht gefragt, denn es passt nicht in ein solches Modell. Die konstruktive Auseinandersetzung um Ziele und Alternativen wird eingeschläfert und in vielen Fällen verhindert. Die Folgen sind strategische Orientierungslosigkeit bis in die höchsten Hierarchieebenen, fehlendes Bewusstsein für Veränderungszwänge und Unterschätzung der daraus entstehenden Potentiale und Risiken. Die inhärenten Kräfteverhältnisse erzeugen so eine Tendenz, die Freiheit der Ideen zu begrenzen. Die Kritik von Aufsichtsräten und Gewerkschaftsvertretern erwacht häufig erst, wenn bereits Arbeitsplätze gefährdet sind. Typisch für Großunternehmen ist deshalb die Verfolgung einer defensiven Portfoliostrategie. Sie sind kein geeignetes Umfeld für Basisinnovationen.

Aber die Welt bleibt nicht stehen. Egal wie groß ein Unternehmen in einer freien Marktwirtschaft ist, es kann Entwicklungen nicht aufhalten. Neue Technologien entstehen, neue Wettbewerber wachsen heran. Es vergeht Zeit, bis ein Punkt erreicht ist, an dem Änderungen erzwungen werden, deren man sich lange verwehrt hat. Aber der Tag kommt. Der optimale Zeitpunkt für Veränderungen ist dann bereits lange überschritten. Die Handlungsoptionen sind erheblich eingeschränkt und häufig von negativen wirtschaftlichen Folgen begleitet. Die Versäumnisse der deutschen Auto-Industrie bei der Elektrifizierung ihrer Fahrzeugflotten legen davon ein beredtes Zeugnis ab.

Eine Organisation, die solche Entwicklungen erfolgreich durchführen will, muss deshalb frei sein von sachfremden Zwängen jedweder Art, insbesondere jeder Art von (firmen-)politischer Einflussnahme. Sie muss die technologische Veränderung zu ihrem Geschäftsmodell machen und darf nur diesem Ziel verpflichtet sein. Der Gesamtprozess von der Erfindung bis zum Markt muss in einer Hand liegen, um in der direkten Konfrontation mit der Realität zu agieren. Entschlossene Schritte sind dabei wichtiger als Perfektion, denn nur so gelingt ein ausreichend hohes Entwicklungstempo.

Politische Hegemonie und wirtschaftliche Zwänge

Die Emissionsgesetzgebung der letzten Jahrzehnte zwang die Autoindustrie zu immer neuen Anstrengungen bei der Verringerung der Flottenemissionen. Nach der Verabschiedung von Euro 6, ab etwa 2007, war für Experten absehbar, dass die Emissionsziele zukünftig aus technischen und wirtschaftlichen Gründen nicht mehr mit konventionellen Antrieben, sondern nur noch mit alternativen Technologien erreicht werden würden. Die aktuellen Schwierigkeiten der großen Autofirmen, die Flottenemissionsziele zu erreichen, belegen diese Einschätzung. Bereits zu diesem Zeitpunkt hätte die Politik darauf mit einer umfassenden Regulierung aller beteiligten Industrien reagieren müssen, da inkrementelle Verbesserungen langfristig keine ausreichenden Lösungsoptionen mehr ermöglichen würden. Das geschah jedoch nicht und ist bis heute nicht geschehen.

Während die Autoindustrie auf die politischen Ziele zur Emissionsregulierung verpflichtet wurde, blieb die Mineralölindustrie weitestgehend ohne solche Verpflichtungen. Sie hatte deshalb keinerlei Grund, Änderungen vorzunehmen. Man erinnere sich, dass die letzten wichtigen Beiträge dieser Industrie zur Emissionssenkung bei Fahrzeugen die Einführung von bleifreiem Benzin ab 1984 und die Einführung schwefelfreier Kraftstoffe ab etwa 2000 waren. Daraus entwickelten sich über die Jahre gesamtwirtschaftliche Zielkonflikte, die ein anhaltendes Schwarze-Peter-Spiel nach sich zogen. Sollte die Auto-Industrie erst Autos liefern, damit sich die Tankstellen lohnten oder sollten erst Tankstellen gebaut werden, damit die Autos betrieben werden konnten. Auf „höherer philosophischer Ebene" wurde es das Henne-Ei-Problem genannt, d. h. brauchen wir erst die Henne oder kommt erst das Ei? Wie häufig in solchen Debatten entwickelten sich zwei Lager zum Nutzen derjenigen, die mit der Interpretation von Problemen ihr Geld verdienen und nicht mit ihrer Lösung.

Diese offensichtliche Fehlentwicklung wurde verursacht durch ein mangelhaftes Regulierungskonzept. Über viele Jahre und bis heute wurde versäumt, den systemischen Zusammenhang für die politisch geforderten Veränderungen zu berücksichtigen und alle in der Wertschöpfungskette relevanten Akteure in die Pflicht zu nehmen.

Warum die Autoindustrie mit ihrer starken Lobby, die seit vielen Jahren unter diesem politischen Druck steht, bis heute nicht in der Lage war, diese Betrachtungsweise in der Politik zu verankern bleibt ein Rätsel. Möglicherweise liegt der Grund auch in den Beharrungskräften dieser Industrie selbst, die nicht an einer konsequenten Lösung des Problems interessiert war und weiterhin auf vermeintlich kostengünstigere konventionelle Lösungen setzen wollte.

In einer Marktwirtschaft sind Unternehmen wirtschaftlichen Zielen unter den Bedingungen des freien Wettbewerbs verpflichtet. Wirtschaftliche Risiken, die die Wettbewerbsposition verschlechtern oder Unternehmen gefährden können, müssen vermieden werden. Das ist eine der Hauptaufgaben des Managements. Die großen etablierten Akteure werden deshalb alles tun, um ihr Portfolio zu schützen. Wenn die Politik Wirtschaftsunternehmen auf politische Ziele wie Emissionssenkung verpflichtet, muss sie es so tun, dass solche Risiken vermieden oder wenigstens gemindert werden, denn Unternehmen können nicht für politische Ziele haften. Das Regulierungskonzept muss deshalb Wettbewerbsgleichheit schaffen und die Lösung von Problemen dort einfordern, wo sie in der Wertschöpfungskette gelöst werden können. Simpel gesagt, ist die Autoindustrie weder für die Herstellung von Wasserstoff verantwortlich noch für das Betreiben von Tankstellen. Wenn diese aber Voraussetzung für die Lösung unseres Problems sind, dann muss das Regulierungskonzept so ausgerichtet werden, dass es eine möglichst effiziente Steuerungswirkung auf alle beteiligten Marktakteure entfaltet.

Der Handlungsrahmen einzelner, aggressiver Akteure kann jedoch deutlich darüber hinausgehen, wenn das Geschäftsmodell auf Verdrängungswettbewerb mit einer innovativen Technologie abgestellt ist. Hersteller wie Tesla zeigen, dass es in der Frühphase der Markteinführung sinnvoll sein kann, auch solche Aufgaben zu übernehmen, um Vermarktungshindernisse aus dem Weg zu räumen. Tesla hat Anfang 2021 seine Produktionsstätte für Super-Charger in Shanghai in Betrieb genommen (electrive.net (Electrive.net 2021)). Elon Musk überlässt es nicht dem Zufall, ob und wann eine ausreichende Ladeinfrastruktur für seine Fahrzeuge aufgebaut wird. Er tut es einfach selbst. Er muss es tun, denn er hat keine Alternative, wenn er erfolgreich sein will. Wie das Abenteuer ausgeht, weiß im Moment niemand. Wenn wir unseren eigenen Überlegungen folgen, sind Tempo und kritische Masse jedoch entscheidende Erfolgselemente. Das spricht für ihn. An der Notwendigkeit für eine schlüssige Regulierung aller Marktteilnehmer ändert das aus den bereits genannten Gründen nichts.

Wie wir gesehen haben, mischt sich die Politik in das Wirtschaftsgeschehen ein. Gleichzeitig betont sie „Technologieneutralität" in der Formulierung politischer Ziele. Damit soll gesagt werden, dass die Wirtschaft die Auswahl infrage kommender Technologieoptionen selbst treffen soll und die Politik nicht interveniert. Dieses Argument wird jedoch fallengelassen, sobald es politisch opportun erscheint. Ein bekanntes Beispiel für diese widersprüchliche Haltung war die politische Forderung der deutschen Regierung, bis zum Jahr 2020 mindestens eine Million batterie-elektrische Fahrzeuge auf die Straße zu bringen (BMWi-NPE 2011). Diese Forderung war kein wirtschaftliches, sondern ein politisches Ziel. Es war eine politische Kampagne. Trotz der Akklamationen der Autoindustrie wurde das Ziel deshalb auch verfehlt. Es war in keiner industriellen Strategie tatsächlich verankert.

Wirft man einen Blick nach Japan, zeigt sich ein etwas anderes Bild des Umgangs von Politik mit strategischen Technologieentwicklungen. Dort werden Markteinführungsprogramme für Wasserstoff und Brennstoffzellen auf nationaler Ebene durch das NEDO (New Energy and Industrial Technology Development Organization) koordiniert, dass dem METI (Ministry of Economy, Trade and Industry) untersteht. Diese Koordinierung umfasst alle relevanten Technologiethemen und die Zusammenarbeit von Universitäten, Firmen und Nationalen Forschungsinstituten. Die Forschungsaktivitäten zu Brennstoffzellen und Wasserstoff sind in vier schwerpunktmäßig spezialisierten Nationalen Instituten zusammengefasst, die über eine entsprechende Leistungsfähigkeit verfügen (IPHE 2011).

Dem stehen in Deutschland etwa drei Dutzend Forschungsinstitute gegenüber, die sich mit diesen Themen befassen, wie aus einer entsprechenden Untersuchung im Rahmen der NOW hervorging. Die meisten dieser Institute arbeiten mit kleinen Budgets, die keine hinreichende Tiefe der Aktivitäten gestatten, kennen häufig die Anforderungen der Autoindustrie nicht und konzentrieren sich auf akademische Veröffentlichungen. Nur wenige Großinstitute besitzen die ressourcenseitigen Voraussetzungen, um mit der nötigen Schlagkraft an derartigen Themen zu arbeiten. Aber auch diese stehen im Wettbewerb zueinander. Eine Koordinierung von Schwerpunkten findet nicht statt.

Ein Beispiel für die Effizienz der Koordinierungstätigkeit des NEDO ist der frühe, beeindruckende Hochlauf von Brennstoffzellen für die Strom- und Wärmeerzeugung im Haus, wo bereits 2013 etwa 40 000 Einheiten installiert waren (heute sind es 400.000), während es in Deutschland zum gleichen Zeitpunkt 200 Einheiten waren. Ein anderes Beispiel ist zweifellos die Rolle von Toyota im internationalen Technologiewettbewerb, die wir bereits an anderer Stelle beschrieben haben. Auch die USA haben mit den National Renewable Energy Laboratories (NREL) leistungsfähige nationale Forschungseinrichtungen, die sich in organisatorisch klar strukturierter Form mit allen einschlägigen Technologiethemen, darunter Wasserstoff und Brennstoffzellen, befassen (nrel.gov).

Die finanzielle Forschungsförderung in Deutschland kann sich im internationalen Vergleich sehen lassen. Die fehlende Koordinierung der Forschungsschwerpunkte auf nationaler Ebene ist jedoch ein Mangel, der einer Fragmentierung der Forschungslandschaft Vorschub leistet.

Zentrale Aufgabe der Politik ist die Gestaltung kohärenter Rahmenbedingungen. Politische Koordinierung spielt eine entscheidende Rolle, weil einzelne Akteure, ja ganze Branchen mit der Einführung disruptiver Innovationen überfordert sein können. Mit der Gründung der Nationalen Organisation für Wasserstoff und Brennstoffzellen (NOW) und des FCH JU in Brüssel wurde ein Ansatz verfolgt, der viele Fortschritte im Bereich der Forschungsförderung ermöglichte. Ein grundsätzlicher Mangel im Regulierungsrahmen lässt sich aber auch damit nicht beheben.

Veränderung braucht unternehmerisches Risiko
Es ist jedoch nicht der politische Rahmen allein, der die Innovationsschwäche deutscher Unternehmen begründet. Es ist auch mangelnder unternehmerischer Mut, denn selbst unter den beschriebenen politischen Rahmenbedingungen gibt es alternative Handlungsoptionen. Die Vorgehensweise u. a. von Tesla liefert dafür Hinweise.

Eine solche Option ist die Einführung einer neuen Technologie in einem dafür besonders geeigneten Umfeld. In unserem Fall ist das der Betrieb von Brennstoffzellenfahrzeugen in Fahrzeugflotten. Damit sind zahlreiche Vorteile verbunden. Ein solches Vorgehen ermöglicht die Konzentration auf bestimmte Standorte und ein abgegrenztes Marktsegment. Die nötige Infrastruktur kann an zentralen Punkten errichtet und so ausgelegt werden, dass ein wirtschaftlicher Betrieb schnell ermöglicht wird. Flottenfahrzeuge können zentral gewartet und repariert werden. Auf technische Mängel kann daher schneller reagiert und ihre Wirkung im Ausmaß begrenzt werden. Fahrer und Instandhaltungspersonal können für den Umgang mit den Fahrzeugen speziell geschult werden.

Dies alles können Beiträge zur Risikominimierung und zur Vermeidung der Nachteile eines unzulänglichen Regulierungsrahmens sein. Die dafür nötigen Erfahrungen wurden bereits in den Flottenerprobungen Anfang und Mitte der 2000-er Jahre gesammelt. Es gab und gibt zahlreiche Transportunternehmen, die solche Projekte bei ausreichender Unterstützung durchführen würden und in neuerer Zeit auch durchführen, allerdings nicht mit deutschen Fahrzeugherstellern (Busplaner 2021). Mit der Finanzierungskraft von Großunternehmen hätte so eine Vorgehensweise leicht realisiert und auch den Investoren als Maßnahme der Zukunftssicherung erklärt werden können. Offensichtlich war die Profitabilität der einzelnen Unternehmenssparten das einzige Führungsinstrument.

Asiatische Firmen aber auch einige kleinere europäische, wie Van Hool oder Solaris, nutzen eine solche Strategie inzwischen, um Märkte zu erobern, in denen sie früher nicht den Hauch einer Chance gehabt hätten. Sie bauen Brückenköpfe durch große Flottenprojekte mit Schlüsselkunden. Keiner der großen deutschen Hersteller ist diesen Weg gegangen, denn es implizierte lange Zeit keine wirtschaftlichen Nachteile. Erst jetzt, in der Not, werden Allianzen geschmiedet, wie die zwischen Daimler Truck und Volvo (Edison.media 2020). Aber selbst, wenn dadurch die bisherige Behäbigkeit überwunden wird, bleibt es schwierig, einmal verlorene Marktpositionen zurückzugewinnen, wie jeder Vertriebsexperte weiß.

Systemisches Handeln ist Grundlage für Innovationen

Die europäische Union und der deutsche Staat investieren im Rahmen von Förderprogrammen Milliarden Euro in die Technologieentwicklung. Das ist ein wichtiger Beitrag für Unternehmen und Forschung, Entwicklungsrisiken in einer frühen Phase der Technologieentwicklung abzufedern und technologischen Fortschritt zu erreichen. Wenn diese großzügigen Förderprogramme nicht von einem schlüssigen Regulierungsrahmen begleitet werden, bleibt man jedoch auf halber Strecke stehen. Solange keine Produkte im Markt eingeführt sind, bleibt Technologieführung ein Wunsch und wird irgendwann zur Utopie. Die Maxime politischen Handelns sollte daher der Dreiklang von Förderpolitik, systemisch durchdachten politischen Rahmenbedingungen und finanzmarktpolitischen Regeln sein, die Investitionen in innovative Unternehmungen attraktiv machen. Forschungsförderung, Regulierungsrahmen und Investitionsanreize müssen zusammen gedacht werden, denn erst in ihrer Kombination entfalten sie die nötige Wucht, die wir brauchen, um uns in einer Welt des Wettbewerbs auf Dauer behaupten zu können.

Schließlich sollte auch darüber nachgedacht werden, wie durch thematische Schwerpunktsetzung, Ressourcenkonzentration und stärkere Ausrichtung an volkswirtschaftlichen Belangen eine Erhöhung der Leistungsfähigkeit von Forschungseinrichtungen erreicht werden kann. Die Vergleiche mit Japan und den National Labs in den USA geben einen Hinweis auf mögliche organisatorische Konzepte. Die deutsche Politik benötigt mehr Kohärenz, mehr strategische Weitsicht und besseren Austausch mit den wirtschaftlichen Akteuren. Und nicht zuletzt braucht die Industrie mehr Mut zu unternehmerischem Risiko. Nur dann werden wir ein Investitionsklima schaffen, das Basisinnovationen die Chance gibt, die sie verdienen.

Quellen

24auto, 2021: https://www.24auto.de/news/politik-wirtschaft/vw-volkswagen-herbert-diess-tesla-fighter-elon-musk-transformation-elektro-wolfsburg-machtkampf-90118110.html, (zuletzt aufgerufen am 15.6.21)

BMWi-NPE, 2011: https://www.bmwi.de/Redaktion/DE/Downloads/P-R/regierungsprogramm-elektromobilitaet-mai-2011.pdf?__blob=publicationFile&v=6, (zuletzt aufgerufen am 15.6.21)

BSZ, 2020: https://www.bayerische-staatszeitung.de/staatszeitung/politik/detailansicht-politik/artikel/csu-will-digitale-investitionen-foerdern.html?tx_felogin_pi1%5Bforgot%5D=1#topPosition, (zuletzt aufgerufen am 15.6.21)

Busplaner, 2021: https://www.busplaner.de/de/news/brennstoffzellen_aktuelle-brennstoffzellen-busprojekte-europa-die-grosse-uebersicht-60755.html, (zuletzt aufgerufen am 15.6.21)

Ecomento, 2021: https://ecomento.de/2021/01/28/deutscher-produktionschef-stolz-auf-arbeit-bei-lucid-motors/, (zuletzt aufgerufen am 15.6.21)

Edison.media, 2020: https://edison.media/daimler-trucks-startet-2023-ins-wasserstoff-zeit-alter/25209873/, (zuletzt aufgerufen am 15.6.21)

Electrive.net, 2021: https://www.electrive.net/2021/02/04/tesla-nimmt-supercharger-werk-in-china-in-betrieb/, (zuletzt aufgerufen am 15.6.21)

Finanzen.net, 2021: https://www.finanzen.net/aktien/tesla-aktie, (zuletzt aufgerufen am 15.6.21)

IPHE, 2011: IPHE 15th Steering Committee Meeting, Country Update Japan, May 2011, (zuletzt aufgerufen am 15.6.21)

Manager Magazin, 2021: https://www.manager-magazin.de/unternehmen/autoindustrie/brennstoff-zelle-herbert-diess-im-twitter-gefecht-mit-dem-bund-um-wasserstoff-a-c0500ba2-e0c1-4928-b4c2-c0144b253cc8, (zuletzt aufgerufen am 15.6.21)

Motor1, 2021: https://de.motor1.com/news/403772/vw-elektroauto-brennstoffzelle-wasserstoff/, (zuletzt aufgerufen am 15.6.21)

NREL.gov: https://www.nrel.gov/hydrogen/facilities.html, (zuletzt aufgerufen am 15.6.21)

Osti.gov, 2019: https://www.osti.gov/servlets/purl/1346414, (zuletzt aufgerufen am 15.6.21)

Stimme.de/Heilbronn, 2021: https://www.stimme.de/heilbronn/wirtschaft/aktuell/VW-Chef-Diess-watscht-Wasserstoff-ab;art140955,4249905, (zuletzt aufgerufen am 15.6.21)

USA, 1875: https://www.hydrogen2000.com/sfty_booklet.pdf, (zuletzt aufgerufen am 15.6.21)

VDA, 2019: https://www.vda.de/de/presse/Pressemeldungen/20190514-Deutsche-Automobilindustrie-investiert--ber-42-Milliarden-Euro-in-Forschung-und-Entwicklung.html, (zuletzt aufgerufen am 15.6.21)

Epilog

15 Jahre später – geht doch! – Eine Fiktion

Vorausgeschaut von Winfried Hamann

„Mehr Boote und Schiffe auf dem Bodensee denn je – doch keiner hört sie". Auch mit diesem Slogan wirbt die Touristik-Branche für ihr Alleinstellungsmerkmal. Denn ihr Wunschtraum ging in Erfüllung: Kein CO_2, kein Lärm mehr auf dem See. Auch zu Lande verschafften der emissionsfreie Betrieb der Stadtbusse, das moderne Mobilitätskonzept rund um den See und die leichte Erreichbarkeit aller Orte – nicht zuletzt durch das hervorragende Radwegenetz – eine ungeahnte Steigerung der Lebens- und Aufenthaltsqualität für Bewohner und Gäste. Davon profitiert mittlerweile die ganze Bodenseeregion, weil sie mehr denn je als hochinteressanter Wirtschaftsstandort wahrgenommen wird. Viele neue High-Tech Firmen, die sich mit allen Facetten der emissionsfreien Mobilität beschäftigen, haben sich in der Region niedergelassen. Und mit ihnen kamen junge, gut ausgebildete Fachkräfte mit ihren Familien. Zusammen mit der schnellen Anbindung an München, Zürich und Mailand bot ihnen die Region ideale Voraussetzungen für Familie und Beruf.

Tatsächlich ist der Bodensee der erste europäische See, auf dem nur noch Elektro-Boote – die kleinen mit Batterie und die großen mit Wasserstoff und Brennstoffzelle – zugelassen sind. Die Regelung gilt seit 2030 für neue Boote und seit 2035 für alle Boote – und zwar länderübergreifend! Auch die Schifffahrtsbetriebe haben schon vor einigen Jahren begonnen, auf grünen Wasserstoff umzustellen – nicht zuletzt aufgrund des Drucks vieler Initiativen rund um den See. Die Wasserstofftankstelle am Lindauer Hafen, die sich neben der Eilguthalle mit ihrem eindrucksvollen Museum für Automobile aus dem letzten Jahrhundert befindet, entwickelt sich dabei als echter Hotspot, sowohl für große Schiffe als auch private Boote. Dass deren Besitzer dabei so früh auf eine umweltfreundliche Antriebstechnik umgestellt haben, liegt an einer beispiellosen Förderaktion: Mit dem Verbot von Verbrennungsmotoren bei neuen Schiffen seit 2030 mussten auch die bestehenden Boote sauber werden. Jeder Bootsbesitzer, der sich bereit

W. Tillmetz und A. Martin, *Wasserstoff auf dem Weg zur Elektromobilität*,
https://doi.org/10.1007/978-3-658-34748-2

erklärte, innerhalb von fünf Jahren auf emissionsfreie Antriebe umzurüsten, bekam einen Zuschuss von 50 % der Kosten.

Als besondere touristische Attraktion gilt zwischenzeitlich auch die neue Zugverbindung Lindau-Oberstaufen. Auch dieser Zug wird an der Eilguthalle betankt – jedoch nicht mit Diesel, sondern ebenfalls mit Wasserstoff an der dortigen Tankstelle! Nach Abschluss der Elektrifizierung der Bahntrasse nach München und Friedrichshafen im Jahr 2020 war es nur konsequent, auch die Nebenstrecke über Oberstaufen nach Oberstdorf ebenfalls emissionsfrei zu machen – durch eine neue Regionalbahn mit Brennstoffzellen-Antrieb.

Jetzt, wo es die H_2-Tankstelle am Lindauer Hafen gibt, wollten es sich die Verantwortlichen der Lindauer Nobelpreisträgertagungen natürlich nicht nehmen lassen, die Jungfernfahrt des neuen, wasserstoffbetriebenen Luxusschiffes „Bettina" – benannt nach der Schirmherrin Bettina Gräfin Bernadotte – mit zahlreichen Nobelpreisträgern und bekannten Honoratioren zu begehen. Im Mittelpunkt: Die beiden Nobelpreisträger Liu X. (China) und Robert S. (Deutschland). Sie haben entscheidend zur Entwicklung neuer Katalysatoren mit besonders geringem Edelmetallgehalt und exzellenter Stabilität für die Brennstoffzelle beigetragen. Diese Ideen wurden schnell von den Katalysator-Herstellern aufgegriffen und in Kooperation mit den Wissenschaftlern zügig in neue Produkte überführt. Der beschleunigte Hochlauf der letzten Jahre für viele kommerzielle Anwendungen ist dieser engen Kooperation zwischen Wissenschaft und Industrie zu verdanken. Auch wenn es lange gedauert hat: Diese inzwischen sehr wirtschaftliche Technologie hat sich als Standard für die drängendsten Energiefragen etabliert.

Die ebenfalls anwesenden bayerischen Ministerpräsidentin dürfte allerdings auffallen, dass jetzt – anders als früher – neben zwei deutschen Automarken, welche die Laureaten von ihren Hotels zum Schiff, bringen auch viele attraktive Fahrzeuge asiatischer Hersteller dabei sind – alle abgasfrei, leise und teilweise autonom fahrend.

Als vor einigen Jahren die erste Wasserstofftankstelle in Lindau in Betrieb genommen wurde, wiesen die Verantwortlichen der Stadt darauf hin, dass man in den frühen 20er Jahren gerade noch rechtzeitig erkannt hatte, dass die Zukunft ihrer Busflotte, die ebenso zuverlässig wie wirtschaftlich ist, im Einsatz von Brennstoffzellen liegt. Längst sind sie auch für andere Kommunen selbstverständlich geworden. Doch noch immer erinnert man sich mit Bedauern an die Schwerfälligkeit der damaligen Regierung, die so lange gebraucht hat, um sich von der Dominanz der Technologie der letzten hundert Jahre zu lösen und die Industriepolitik auf die Produkte der Zukunft zu fokussieren. Die 2019 von der Europäischen Kommission verabschiedeten Richtlinien für die Förderung von klimafreundlichen und emissionsfreien Antrieben wurden im Rahmen des 2020 beschlossenen „European Green Deal" den Notwendigkeiten der immer häufiger werdenden Extremwetterereignisse weiter angepasst. Diese hatten vor allem den Obstbauern in der Bodenseeregion viele Probleme bereitet. Seit 2030 werden in Europa nur noch emissionsfreie Fahrzeuge neu zugelassen und Verbrennungsmotoren verschwinden Zug und Zug aus dem Alltag. Industrie, Finanzwelt und Politik hatten gemeinsam erkannt, dass der gewohnte Wohlstand mit Technologien aus dem vorletzten Jahrhundert gefährdet ist und zogen endlich am gleichen Strang.

Dass es kaum noch Diesel-LKW auf den Straßen gibt, liegt vermutlich an der Erfolgsstory der Nachbarn aus der Schweiz: Neben den großen Handelsketten hatten sich die weiteren Mitglieder des Fördervereins „H2 Mobilität" schon 2019 gemeinsam dazu entschlossen, künftig auf Brennstoffzellen-LKW für ihre Transporte zu setzen. Freilich war damals noch nicht absehbar, wie zuverlässig, langlebig und zunehmend kostengünstiger sich die Entscheidung auswirken würde – ganz abgesehen von der umweltschonenden Art, ihre Transporte durchzuführen. Zwischenzeitlich fährt sogar mehr als die Hälfte der emissionsfreien Fahrzeuge autonom zu den Kunden: Die Entscheidung pro Wasserstoff erwies sich schon früh als zukunftsweisend. Jetzt zieren ein ausgemusterter alter Diesel-LKW und ein futuristisches Brennstoffzellen-Fahrzeug den Firmeneingang: Ein deutlicher Hinweis, dass man dort stets zukünftige Entwicklungen im Auge hat.

Als sich bald darauf abzeichnete, dass sich dank der Bemühungen der deutschen Regierung der Transport von grünem Wasserstoff aus den sonnenreichen Regionen des Mittelmeerraumes als wichtige Ergänzung zu der regionalen Erzeugung von Wasserstoff aus Fotovoltaik und Wind etablieren würde, intensivierte eine europäischer Hersteller den Bau von LKW mit Brennstoffzellen: Endlich gab es ein umweltfreundliches Produkt, von dem sowohl die europäische Industrie als auch der afrikanische Arbeitsmarkt profitieren.

Dass parallel schon in den frühen 2030er Jahren ein Hersteller von Brennstoffzellen-LKW in Deutschland zum Weltmarkführer aufsteigen würde, hatte sich damals keiner in der Ulmer Firma träumen lassen, und schon gar nicht hatten die asiatischen Hersteller damit gerechnet. Umso erfreulicher wirkte dann die Vorgabe der Bundesregierung, dass ab 2031 bei der Neuanschaffung von Nutzfahrzeugen nur noch emissionsfreie Antriebe bestellt werden dürfen. So hat jeder Firmenfuhrpark zügig auf emissionsfreie Fahrzeuge umgerüstet, um die Vergünstigungen bei der Steuer und der inzwischen europäisch einheitlich gestalteten Straßenmaut zu erhalten.

Heute, im Herbst 2036, bereitet sich die Bundesregierung auf die Festlichkeiten vor, die der lange für unwahrscheinlich geltenden Einhaltung des Pariser Klimaabkommens aus dem Jahr 2015 gewidmet sind. Viele Nicht-Regierungsorganisationen, Umweltinitiativen und Verbände bestanden auf eine angemessene und deutschlandweite Würdigung eines Erfolges, an dem sie einen wichtigen Anteil hatten. Sie erinnerten daran, dass das vereinbarte Kontingent für die deutschen CO_2-Emissionen durch die jahrzehntelangen Verzögerungen viel schneller aufgebraucht wurde, als es eigentlich geplant war. Doch jetzt steht Deutschland mit 93 % Reduktion im Vergleich zu 1990 weltweit an der Spitze und dürfte somit das in Paris vereinbarte Ziel gerade noch rechtzeitig erreichen. Alle Fachleute führen das vor allem auf die CO_2-freie Energieversorgung in der Industrie und dem Verkehr zu Lande, in der Luft und im Wasser zurück.

Damit einher ging auch ein deutlicher Ausbau der Fotovoltaik. Viele Hausdächer und Fassaden sind inzwischen – architektonisch attraktiv gestaltet – mit Fotovoltaik-Modulen ausgerüstet und produzieren konkurrenzlos günstigen Strom. Auch viele Landwirte haben die zusätzliche Einnahmequelle durch die inzwischen weltweit etablierte Agro-Fotovoltaik entdeckt. Neben den Einnahmen aus dem produzierten Strom wird damit die Ernte von Früchten vor den häufigen Extremwetterereignissen geschützt. Der überschüssige Strom im Sommerhalbjahr wird über Elektrolyse-Anlagen in Wasserstoff umgewandelt, vor Ort gespeichert und steht als Treibstoff für Fahrzeuge, Schiffe und Bahnen zur Verfügung.

Um diesem grandiosen Erfolg auch in seiner geschichtlichen Dimension Rechnung zu tragen, wird erwogen, den 25. Oktober zum „Klimafeiertag" zu erklären. So haben Politik, Wirtschaft und Wissenschaft doch noch gezeigt, wozu sie – wenn auch zunächst unter großem gesellschaftlichem Druck – imstande sind, wenn es darum geht einen wesentlichen Beitrag zur Zukunftsfähigkeit des Landes und gleichzeitig zur Erhaltung einer hohen Lebensqualität zu leisten.

Stichwortverzeichnis

A

Alltagstauglichkeit, 49
AutoStack Core, 12
Auxiliary Power Unit (APU), 66

B

Ballard, Geoffrey, 15
Ballard Power Systems, 11, 16
Basisinnovation, 25, 134
Batterie, 118
Batteriezellen-Produktion, 117, 118
Benzin, 49, 65
    Reformierung, 66
Bleibatterie, 33
Bottom-up-Prozess, 98
Brennstoffzelle, 5, 118
    Bipolarplatte, 17, 19
    Brennstoffzellensystem, 20, 60
    Bündnis Deutschland, 107
    Funktionsweise, 17
    Gasdiffusionselektrode, 19
    Luftkompressor, 20
    Membran, 5, 7, 18
    Membrane-Electrode-Assembly (MEA), 100
    PEM-Technologie, 11
    Stack, 12
Busprojekt
    CHIC, 91, 93
    CUTE, 87, 88, 95

C

California Air Resources Board (CARB), 48, 62
California Fuel Cell Partnership (CAFCP), 62
Checkout, 89
China, 51
CUTE (Clean Urban Transport for Europe), 52, 91

D

Daimler Forschungszentrum Ulm, 9
DG Research, 98
Dornier, 3
Dornier, Claude, 4
Dot.Com-Start-Up, 62

E

Elektrolyse, 5
Emissionen, 134
Energiedichte, 33
Engineering-Development-and Test-Prozess (ED&T), 77
Entwicklungsvorsprung, 132
Europäische Kommission, DG Research, 88, 96, 97
Europäische Raumfahrtagentur (ESA), 2
European Hydrogen and Fuel Cell Technology Platform, 96

Printed in the United States
by Baker & Taylor Publisher Services